上海市工程建设规范

既有建筑绿色改造技术标准

Technical standard for green retrofitting of existing building

DG/TJ 08—2338—2020
J 15429—2020

主编单位：上海市建筑科学研究院（集团）有限公司
　　　　　上海市房地产科学研究院
批准部门：上海市住房和城乡建设管理委员会
施行日期：2021 年 4 月 1 日

同济大学出版社

2021　上海

图书在版编目(CIP)数据

既有建筑绿色改造技术标准/上海市建筑科学研究院(集团)有限公司,上海市房地产科学研究院主编. — 上海:同济大学出版社,2021.3

ISBN 978-7-5608-9812-4

Ⅰ.①既… Ⅱ.①上…②上… Ⅲ.①建筑-改造-无污染技术-评价标准-上海 Ⅳ.①TU746.3-34

中国版本图书馆 CIP 数据核字(2021)第 038972 号

既有建筑绿色改造技术标准

上海市建筑科学研究院(集团)有限公司
上海市房地产科学研究院　　　　　　　主编

策划编辑　张平官
责任编辑　朱　勇
责任校对　徐春莲
封面设计　陈益平

出版发行　同济大学出版社　www.tongjipress.com.cn
　　　　　(地址:上海市四平路 1239 号　邮编:200092　电话:021-65985622)
经　　销　全国各地新华书店
印　　刷　苏州市古得堡数码印刷有限公司
开　　本　889mm×1194mm　1/32
印　　张　5.5
字　　数　148000
版　　次　2021 年 3 月第 1 版
印　　次　2024 年 8 月第 2 次印刷
书　　号　ISBN 978-7-5608-9812-4
定　　价　50.00 元

上海市住房和城乡建设管理委员会文件

沪建标定〔2020〕633号

上海市住房和城乡建设管理委员会
关于批准《既有建筑绿色改造技术标准》为
上海市工程建设规范的通知

各有关单位：

由上海市建筑科学研究院(集团)有限公司、上海市房地产科学研究院主编的《既有建筑绿色改造技术标准》，经我委审核，现批准为上海市工程建设规范，统一编号为 DG/TJ 08—2338—2020，自 2021 年 4 月 1 日起实施。

本规范由上海市住房和城乡建设管理委员会负责管理，上海市建筑科学研究院(集团)有限公司负责解释。

特此通知。

上海市住房和城乡建设管理委员会
二〇二〇年十一月四日

前　言

本标准根据上海市住房和城乡建设管理委员会《关于印发〈2018 年上海市工程建设规范、建筑标准设计编制计划〉的通知》（沪建标定〔2017〕898 号）的要求，由上海市建筑科学研究院（集团）有限公司、上海市房地产科学研究院会同相关单位编制完成。

本标准的主要内容包括：总则；术语；基本规定；评估与策划；规划与建筑；材料；结构；暖通空调；给水排水；电气；施工与验收；运行维护。

各单位及相关人员在执行本标准过程中，如有意见和建议，请反馈至上海市住房和城乡建设管理委员会（地址：上海市大沽路 100 号；邮编：200003；E-mail：bzgl@zjw.sh.gov.cn），上海市建筑科学研究院（集团）有限公司《既有建筑绿色改造技术标准》编制组（地址：上海市宛平南路 75 号 3 号楼 409 室；邮编：200032；E-mail：jgsrd@sribs.com.cn），上海市建筑建材业市场管理总站（地址：上海市小木桥路 683 号；邮编：200032；E-mail：bzglk@zjw.sh.gov.cn），以供今后修订时参考。

主 编 单 位：上海市建筑科学研究院（集团）有限公司
　　　　　　　上海市房地产科学研究院
参 编 单 位：上海市建筑科学研究院有限公司
　　　　　　　上海建工四建集团有限公司
　　　　　　　华东建筑设计研究院有限公司
　　　　　　　上海建科工程改造技术有限公司
　　　　　　　上海江欢成建筑设计有限公司
　　　　　　　上海维固工程顾问有限公司
　　　　　　　上海建工五建集团有限公司

上海建科建筑设计院有限公司

上海建科广申设计有限公司

上海东方低碳科技产业股份有限公司

上海建科建筑节能技术股份有限公司

主要起草人:李向民　王卓琳　蒋利学　古小英　张蓓红

田　炜　王　琼　何晓燕　高月霞　郑　迪

谷志旺　程之春　陈明中　张　超　陈　宁

梁晓丹　金　骞　陈建萍　张富文　蒋　璐

张　颖　孙艾薇　潘　峰　邓光蔚　张　妍

周　云　王伟茂　许清风　郑　昊　邹　寒

张永群　吕申婴　李勇生　李　坤　高润东

杨　霞　董浩明　梁　云　郑士举　朱园园

李　芳　季　亮　秦　岭　吴玲倩

主要审查人:李亚明　李宜宏　张小龙　邱　蓉　徐　磊

蒋欢军　朱伟民

上海市建筑建材业市场管理总站

目　次

1　总　则 ……………………………………………… 1

2　术　语 ……………………………………………… 2

3　基本规定 …………………………………………… 4

4　评估与策划 ………………………………………… 5

　　4.1　一般规定 …………………………………… 5

　　4.2　改造评估 …………………………………… 6

　　4.3　改造策划 …………………………………… 10

5　规划与建筑 ………………………………………… 12

　　5.1　一般规定 …………………………………… 12

　　5.2　规划与场地 ………………………………… 12

　　5.3　建筑单体 …………………………………… 15

　　5.4　围护结构 …………………………………… 18

6　材　料 ……………………………………………… 20

　　6.1　一般规定 …………………………………… 20

　　6.2　结构改造材料 ……………………………… 21

　　6.3　墙体节能系统改造材料 …………………… 23

　　6.4　屋面改造材料 ……………………………… 24

　　6.5　室内改造材料 ……………………………… 25

　　6.6　地下工程改造材料 ………………………… 25

7　结　构 ……………………………………………… 27

　　7.1　一般规定 …………………………………… 27

　　7.2　地基基础加固与新增地下空间 …………… 28

　　7.3　上部结构加固改造 ………………………… 29

8　暖通空调 …………………………………………… 33

8.1 一般规定 …………………………………… 33

8.2 冷热源与能源综合利用 …………………… 33

8.3 输配系统 …………………………………… 36

8.4 末端设备 …………………………………… 37

8.5 室内环境 …………………………………… 37

9 给水排水 ……………………………………… 39

9.1 一般规定 …………………………………… 39

9.2 系 统 …………………………………… 39

9.3 节水器具与设备 …………………………… 41

9.4 非传统水源利用 …………………………… 41

10 电 气 ……………………………………… 43

10.1 一般规定 …………………………………… 43

10.2 供配电系统 ………………………………… 43

10.3 照明系统 …………………………………… 46

10.4 智能化系统 ………………………………… 48

11 施工与验收 …………………………………… 50

11.1 一般规定 …………………………………… 50

11.2 绿色施工 …………………………………… 51

11.3 竣工验收 …………………………………… 52

11.4 竣工调试与交付 …………………………… 52

12 运行维护 ……………………………………… 54

12.1 一般规定 …………………………………… 54

12.2 综合调适 …………………………………… 54

12.3 改造后评价 ………………………………… 55

12.4 运行管理规定 ……………………………… 55

12.5 建筑结构维护 ……………………………… 55

12.6 设施设备维护 ……………………………… 56

12.7 室外环境维护 ……………………………… 56

12.8 监测系统运行维护 ………………………… 57

本标准用词说明 ·································· 58
引用标准名录 ···································· 59
条文说明 ··· 63

Contents

1 General provisions 1

2 Terms 2

3 Basic requirements 4

4 Assessment and planning 5

   4.1 General requirements 5

   4.2 Retrofitting assessment 6

   4.3 Retrofitting planning 10

5 Planning and architecture 12

   5.1 General requirements 12

   5.2 Planning and site 12

   5.3 Individual building 15

   5.4 Building envelope 18

6 Materials 20

   6.1 General requirements 20

   6.2 Materials for structural retrofitting 21

   6.3 Materials for wall energy-saving system retrofitting

   23

   6.4 Materials for roof retrofitting 24

   6.5 Materials for indoor retrofitting 25

   6.6 Materials for substruction retrofitting 25

7 Structure 27

   7.1 General requirements 27

   7.2 Foundation reinforcement and new underground

   space 28

7.3 Superstructure strengthening and retrofitting ······ 29

8 Heating ventilation and air conditioning ····················· 33

   8.1 General requirements ·· 33

   8.2 Cold & heat source and energy comprehensive
       utilization ·· 33

   8.3 Distribution system ·· 36

   8.4 Terminal unit ·· 37

   8.5 Indoor environment ·· 37

9 Water supply and drainage ······································· 39

   9.1 General requirements ·· 39

   9.2 System ·· 39

   9.3 Water-saving equipment ·· 41

   9.4 Nontraditional water source utilization ················· 41

10 Electricity ·· 43

   10.1 General requirements ·· 43

   10.2 Power supply and distribution system ············· 43

   10.3 Lighting system ··· 46

   10.4 Intelligent system ·· 48

11 Construction and acceptance ································· 50

   11.1 General requirements ·· 50

   11.2 Green construction ··· 51

   11.3 Completion acceptance ·· 52

   11.4 Commissioning and delivery on completion ······ 52

12 Operation and maintenance ···································· 54

   12.1 General requirements ·· 54

   12.2 Comprehensive commissioning ···························· 54

   12.3 Assessment after green retrofitting ··················· 55

   12.4 Operation management ·· 55

   12.5 Maintenance of building structure ··················· 55

12.6 Maintenance of facility and equipment ·············· 56

12.7 Maintenance of outdoor environment ················ 56

12.8 Operation and maintenance of monitoring system

··· 57

Explanation of wording in this standard ························· 58

List of quoted standards ·· 59

Explanation of provisions ·· 63

1 总　则

1.0.1 为贯彻国家和本市有关技术经济政策,规范既有建筑绿色改造及其技术应用,节约资源,保护环境,制定本标准。

1.0.2 本标准适用于既有建筑绿色改造的评估策划、规划设计、施工及验收、运行维护等。

1.0.3 既有建筑绿色改造除应符合本标准的规定外,尚应符合国家、行业和本市现行相关标准的规定。

2 术 语

2.0.1 绿色改造 green retrofitting

　　以安全耐久、健康舒适、生活便利、资源节约(节地、节能、节水、节材)和环境宜居等为目标,对既有建筑进行维护、更新和加固等活动。

2.0.2 绿色改造技术 green retrofitting technology

　　基于改造项目所在地的气候特征、周围场地环境和经济发展水平,使被改造建筑实现绿色改造目标的适用技术。

2.0.3 改造评估 retrofitting assessment

　　通过现场调查、勘测、鉴定及测算分析等方法,评估拟实施绿色改造的建筑性能与使用功能、结构安全性、设备设施现状等,分析既有建筑绿色化改造的潜力和可行性,为改造规划和技术设计提供依据的活动。

2.0.4 改造策划 retrofitting planning

　　根据改造项目的地理位置、市场分析、开发周期,以及改造评估结果,结合业主的改造意愿、经济投入等提出适宜的改造目标、改造模式和技术方案等的活动。

2.0.5 结构整体改造 global structure retrofitting

　　使用功能改变引起荷载明显增加,或引起主体结构体系改变、主体结构布置明显改变,以及存在加层、插层或平面规模扩建的改造。

2.0.6 结构局部改造 local structure retrofitting

　　改建仅涉及原有结构局部区域的个别非抗侧力构件,并确保原结构整体抗震能力不被削弱的结构改造。

2.0.7 综合调适 comprehensive commissioning

既有建筑绿色改造完成后,通过对建筑设备系统的调试验证、性能测试验证、季节性工况验证和综合效果验收,使系统满足不同工况和用户使用的需求。

2.0.8 预防性维护 preventive maintenance

为延长建筑、结构及设备的使用寿命,减少结构损伤、设备故障,提高既有建筑可靠性而进行的计划内维护。

3 基本规定

3.0.1 既有建筑绿色改造宜包含评估与策划、各专业改造设计（规划与建筑、材料、结构、暖通空调、给水排水、电气等）、施工与验收、运行维护等。

3.0.2 既有建筑绿色改造应结合建筑类型、改造需求和使用功能，进行技术和经济分析，合理确定建筑改造内容，选用适宜的绿色改造技术，优先采用工业化、信息化及智能化等技术手段。

3.0.3 既有建筑绿色改造各阶段工作应形成并保留评估与策划报告、规划与各专业设计文件、施工及验收记录、运行维护管理文件等。

4 评估与策划

4.1 一般规定

4.1.1 既有建筑绿色改造前应综合考虑项目现状、改造定位、功能需求、实施策略等要求，进行现场查勘与评估、技术经济性分析、业主改造意愿分析等评估与策划。

4.1.2 既有建筑绿色改造评估可根据改造需求对规划与建筑、材料、结构、暖通空调、给水排水、电气等进行全专业评估或个别专业评估。

4.1.3 既有建筑绿色改造评估阶段，宜出具评估报告，评估报告宜包括下列内容：

    1 项目概况。

    2 评估依据。

    3 评估内容。

    4 评估过程和结果。

    5 评估结论与改造建议。

4.1.4 既有建筑绿色改造策划阶段，宜出具可行性研究报告或改造方案，可行性研究报告或改造方案宜包括下列内容：

    1 项目概况。

    2 项目绿色改造的必要性。

    3 项目改造方案的分析研究。

    4 经济性分析。

    5 资源利用分析。

    6 社会环境效益分析。

7 环境保护措施。

8 风险控制策略。

9 结论与建议。

4.2 改造评估

I 规划与建筑

4.2.1 既有建筑绿色改造应结合城市及区域发展需求与自身的区位、环境、生态、建筑空间及结构形式等条件,在城市规划适应性评估、场地适建、环境影响等方面进行评估和可行性研究,在充分评估的基础上保护既有建筑周边生态环境,合理利用既有建筑物、构筑物和设施设备,统筹规划场地总平面布置,合理利用地下空间。

4.2.2 既有建筑场地规划与布局的评估宜包括下列内容:

1 场地安全性。

2 场地周边生态环境。

3 场地交通设置。

4 场地停车设施、无障碍设施、公共服务设施等设置。

5 场地绿化用地布置。

6 场地消防条件。

7 改造后的建筑功能对周边和社区环境的影响。

8 施工可行性。

4.2.3 既有建筑场地环境的评估宜包括下列内容:

1 声环境。

2 风环境。

3 光环境。

4 热环境。

5 水环境。

4.2.4 既有建筑功能与空间的评估宜包括下列内容:

1 建筑功能空间的分布和利用情况。

2 地下空间的利用现状。

4.2.5 既有建筑围护结构性能的评估宜包括下列内容：

1 外墙构造形式、传热系数及热工性能缺陷。

2 屋面构造形式及传热系数。

3 外窗、透明幕墙、采光屋顶的传热系数、遮阳系数及气密性，外窗可开启面积比例、各立面窗墙比等。

4 地下室、外墙、室内、屋面的防水性能。

5 外墙保温系统、玻璃幕墙等的安全性能，玻璃幕墙的光反射环境影响。

4.2.6 既有多层住宅加装电梯的可行性评估应符合本市有关政策和管理规定的要求，并应包括下列内容：

1 业主意愿征询。

2 房屋安全查勘。

3 加装电梯对建筑结构、消防、日照、通风、楼间距、外部使用空间、地下管线、室内外管网等的影响。

Ⅱ 结构与材料

4.2.7 既有建筑应根据其使用历史、现状及改造程度进行结构评估和鉴定，并应符合下列规定：

1 原设计未考虑抗震设防或抗震设防要求提高的建筑，或改造后新的建筑功能按照现行国家标准《建筑工程抗震设防分类标准》GB 50233 划分为重点设防类或特殊设防类的结构，应进行抗震鉴定。

2 尚在原设计使用年限内且仅进行结构局部改造或使用状况不良时，应进行安全性评估。

3 超过原设计使用年限需要继续使用，或进行结构整体改造时，应进行安全性评估和抗震鉴定，抗震性能水准应符合现行抗震鉴定标准的要求。

4 对已使用年限与拟继续使用年限之和超过 60 年的结构或已发生较明显耐久性损伤的结构,尚宜进行耐久性评估。

4.2.8 既有建筑结构安全性的评估应包括下列内容:

1 地基基础安全性。

2 主体结构安全性。

3 围护结构及附属构件安全性。

4.2.9 既有建筑结构耐久性的评估宜包括下列内容:

1 既有建筑所处自然环境和工作环境。

2 结构构件材料的耐久性。

4.2.10 既有建筑循环使用的旧建筑材料性能的评估宜包括下列内容:

1 力学性能。

2 回收利用价值。

Ⅲ 暖通空调

4.2.11 既有建筑暖通空调设备和系统的评估宜包括下列内容:

1 暖通空调设备和系统的基本信息。

2 暖通空调设备和系统的运行现状。

3 节能运行措施。

4 地源热泵系统、太阳能供暖空调系统等可再生能源利用情况。

4.2.12 既有建筑室内环境的评估宜包括下列内容:

1 室内热湿环境。

2 室内空气品质。

Ⅳ 给水排水

4.2.13 既有建筑给水排水设备和系统的评估宜包括下列内容:

1 给水系统设置的合理性和安全性。

2 集中热水供应系统设置的安全性和舒适性。

3 排水系统设置的合理性。

4 给水排水管道隔声减振措施设置的合理性。

5 可再生能源热水系统运行合理性。

4.2.14 既有建筑用水器具与设备的评估宜包括下列内容：

1 卫生器具的设置情况。

2 循环水泵或加压水泵的设置及运行现状。

3 绿化灌溉的设置及运行现状。

4 空调冷却循环水系统的设置及运行现状。

4.2.15 既有建筑非传统水源利用的评估宜包括下列内容：

1 非传统水源利用现状。

2 景观水体补水系统运行现状。

Ⅴ 电 气

4.2.16 既有建筑供配电系统的评估宜包括下列内容：

1 供配电系统容量配置及布置方式。

2 供配电设备设置及运行状况。

3 供配电系统电缆设置现状。

4 电能质量。

5 电费收费制式和费率标准。

6 太阳能光伏发电系统、风能发电系统等可再生能源发电设施运行情况。

7 新能源汽车充电设施的设置情况。

4.2.17 既有建筑照明系统的评估宜包括下列内容：

1 照明灯具类型。

2 照明控制方式。

3 照明数量及质量。

4 照明功率密度。

5 照明灯具运行情况。

4.2.18 既有建筑智能化系统的评估宜包括下列内容：

1 能耗监测系统设置及运行现状。

2 智能化系统设置及运行现状。

3 信息化系统设置及运行现状。

4.3 改造策划

4.3.1 既有建筑绿色改造应综合考虑改造项目长期规划,结合改造评估结果、改造主体意愿、改造模式、经济投资等,明确项目定位,综合策划改造方案。

4.3.2 既有建筑绿色改造策划应包括评估结果分析、项目定位与分项目标分析、技术方案、社会经济及环境效益、实施策略、风险控制等。

4.3.3 既有建筑绿色改造分项目标宜结合现行国家标准《既有建筑绿色改造评价标准》GB/T 51141,按照下列步骤确定：

1 考虑项目的特点、要求与定位。

2 分析既有建筑绿色改造评价指标的特点及要求。

3 结合上海地域特色。

4 考虑建筑健康目标。

5 确定适宜的分项目标,主要包括规划与建筑目标、结构与材料目标、暖通空调目标、给水排水目标、电气目标等。

4.3.4 既有建筑绿色改造技术方案应综合考虑下列问题进行选择：

1 涉及安全性、耐久性、健康性。

2 涉及不适宜的设备、材料。

3 改造性价比。

4 业主强烈反映需要改进的内容。

5 对周边和社区环境的影响。

6 与现行相关设计标准的协调。

4.3.5 既有建筑绿色改造项目的技术方案与落实措施应根据项目定位和分项目标确定，并宜满足下列规定：

    1 技术路线与改造模式、改造时序相匹配。

    2 技术措施与技术路线相契合，且具有气候适应性。

    3 选用适宜的设备、设施、材料等。

5 规划与建筑

5.1 一般规定

5.1.1 既有建筑绿色改造设计应遵循规划原则,避免大拆重建,通过合理化改造,实现与周围建筑空间的有机融合、与现有功能的良好衔接。

5.1.2 既有建筑绿色改造应遵循保护场地环境的原则,当无法满足改造条件时,应进行相应的治理。

5.1.3 既有建筑绿色改造宜根据被动优先、主动优化的原则进行设计。

5.1.4 既有建筑绿色改造应充分考虑夏季隔热、冬季保温以及过渡季节的通风。

5.2 规划与场地

5.2.1 场地交通设计应符合下列规定:

  1 规划设计前应进行交通影响评价。

  2 应满足现行上海市工程建设规范《建筑工程交通设计及停车库(场)设置标准》DG/TJ 08—7 的有关要求,并应符合交通影响评价及相关主管部门对特定项目的建设要求。

  3 应结合区域公共交通条件,场地道路及出入口设计应考虑步行、自行车等慢行交通系统在场地内外的衔接,建立慢行交通与城市公共交通站点间连续、安全的便捷联系;应通过统筹规划,使场地内车行、人行、物流路线清晰合理、顺畅方便,满足交通、救护和消防救援等需求。

5.2.2 停车库(场)设计应符合下列规定：

1 不宜设置多于交通影响评价及主管部门对特定项目所要求的机动车停车位，有条件增设地下或室内停车库时，应控制室外地面机动车停车位，宜设置遮阳防雨、安全的非机动车停车场地及设施。

2 医院、学校等临时停车需求集中的公共建筑应设置必要的临时停车泊位。

3 人员密集的建筑宜在场地内部人流主出入口处设置出租车泊车位，场地与轨道交通等大流量公交站点距离较远的，宜设置接驳车辆临时停车泊位。

4 停车库(场)设计遵循安全可靠、方便高效的原则，根据项目性质、规模和土地、空间等建设条件合理选择停车库(场)及其停车设备的类别，宜考虑地下空间开发利用与绿化结合的统一设计，采用节省空间的地上地下停车楼、机械式停车库等方式。

5 停车库(场)应设置接入区域网络的停车信息引导、智能停车管理系统，通过技术和管理措施为错时对外开放停车提供条件。

6 停车设施改造应在场地内根据本市新能源汽车、电动自行车基础设施建设的技术要求设置补充能量的设施，鼓励新能源车辆的使用。

5.2.3 改造时应对场地环境噪声进行控制与优化，并应符合下列规定：

1 应注重建筑和交通的功能分区，采用声屏障、低噪声路面等技术，降低交通噪声，机动车停车库(场)设计应满足现行国家标准《声环境质量标准》GB 3096 及《工业企业厂界环境噪声排放标准》GB 12348 的要求，避免车辆出入口、进排风口、噪声及振动等对环境敏感目标的影响。

2 改造后场地内环境噪声应满足现行国家标准《声环境质量标准》GB 3096 的规定；当无法满足时，应采取合理降噪措施。

5.2.4 改造时应采取措施避免光污染,并应符合下列规定:

1 改造如采用玻璃幕墙,其可见光反射比应控制在合理范围内。

2 改造后室外夜景照明应符合现行行业标准《城市夜景照明设计规范》JGJ/T 163 的规定。

5.2.5 改造时应根据风环境模拟分析,形成整体的通风环境策略,采取措施优化场地风环境,并应符合下列规定:

1 冬季应保证改造后室外活动空间 1.5 m 标高处风速不宜高于 5 m/s,人行区域的风速放大系数不宜大于 2。

2 夏季、过渡季应保证改造后场地人行区域 1.5 m 标高处不出现无风区与旋涡区。

5.2.6 改造时应采取措施优化场地热环境,并应符合下列规定:

1 改造时场地内硬质地面宜采用浅色透水性铺装,屋面、建筑物表面宜采用浅色饰面。

2 改造时场地景观宜采用种植绿化与景观水体的形式,种植绿化与景观水体宜连贯性布置。

3 改造时场地活动区域植被、构筑物形式宜具有良好的遮阳效果。

4 改造时场地内设备设置宜避免对公共活动区域产生热污染。

5 改造时居住区热环境应满足现行行业标准《城市居住区热环境设计标准》JGJ 286 的要求。

6 改造时场地规划宜考虑城市风道的建设要求,降低城市热岛效应。

5.2.7 场地绿化改造应符合下列规定:

1 应保护和利用场地内原有的自然水域、湿地和植被等。

2 应合理增加绿地面积,小面积绿地宜整合成集中公共绿地,宜增加可进入活动休憩的绿地面积,绿化种植面积不应小于绿地总面积的 70%。

3 应合理选择和增加适应上海本地气候和土壤条件的植

物,宜选择少维护、耐候性强、病虫害少、对人体无害的植物。

4 宜采用乔、灌、草结合的复层绿化,尽量提高地面绿化覆盖面积中乔灌木的占比。

5.2.8 改造时宜结合场地条件推行绿色雨水基础设施,并应符合下列规定:

1 当改造场地位于海绵城市试点改造区内时,改造后应满足上海市海绵城市建设相应指标的要求。

2 当改造场地不在海绵城市试点改造区内时,改造后场地综合径流系数不应大于改造前。

5.2.9 场地规划与设计应按照国家和本市现行相关标准配套建设生活垃圾收集设施;已有的生活垃圾收集设施不符合垃圾分类标准的,应予以改造。

5.2.10 场地规划与设计应结合实际条件进行无障碍设施改造,应满足现行国家标准《无障碍设计规范》GB 50763 的要求。

5.2.11 场地规划与设计应体现以人为本原则,可采取下列措施:

1 宜考虑将场地改造纳入城市绿道的规划建设系统。

2 既有住宅小区进行绿色改造时,宜考虑室外活动、休闲场地及运动、健身器材。

3 场地内的公共设施、体育设施、活动场地等宜对社会开放使用。

4 宜提供方便各类人群使用的标识系统,加强复杂功能建筑中室内外的标识系统设计。

5 宜考虑适老设施的设置。

6 宜考虑第三卫生间、母婴室等多元化、人性化的设施配置。

5.3 建筑单体

5.3.1 既有建筑绿色改造的自然通风与自然采光应符合下列

规定：

1 主要功能房间的外窗设置应有利于气流组织，建筑幕墙应具有可开启部分或设通风换气装置；室内无法形成流畅的通风路径时，宜设置辅助通风装置，加强建筑通风性能。

2 应充分利用自然采光，对自然采光不足的建筑空间，应采取相关技术措施增加自然采光，同时人员长期停留的场所宜具有自然视野。

3 改造后的地下空间宜引入自然采光和自然通风，合理增设采光与通风措施。

5.3.2 既有建筑绿色改造的声环境应符合下列规定：

1 建筑的顶棚、楼面、墙面和门窗宜采取吸声和隔声措施。

2 楼板隔声性能不满足时，宜采取弹性面层、弹性垫层、隔声吊顶等措施。

3 屋面板为轻型屋盖时，应采取降低或隔绝屋面板雨点噪声的措施。

4 建筑内通风空调设备、末端风口的房间应进行隔声和减振处理，室内设备和管道应进行减振和隔振处理。

5 毗邻电梯井道的功能房间（住宅居住空间、医院病房、教室、办公室、旅馆客房等）应采取内墙隔声措施。

5.3.3 既有建筑功能改造应包括功能置换和功能提升，并应符合下列规定：

1 功能置换多为工业建筑功能置换和历史建筑的功能活化，改造时应充分利用既有功能空间特征进行功能布局和策划。

2 功能提升主要是既有建筑原有功能的完善和优化，以及建筑适老性改造等，改造时应在满足结构安全性的基础上，根据需求完善功能，提高舒适性。

5.3.4 既有建筑空间改造应符合下列规定：

1 合理组织建筑空间，改善交通流线。

2 合理提升建筑内部空间使用率及地下空间使用率，宜优先选择开发利用既有建筑投影面积外的独立用地。

3 合理设计共享空间,其使用不得影响建筑主体功能。

4 集中设置辅助空间,如机房、管井等,方便后续运营阶段维修。

5.3.5 既有建筑立面更新改造应符合下列规定:

1 立面序化改造时,应遵循经济环保原则,并与城市风貌相协调。

2 立面改造应充分考虑材料及构件的安全性。

3 立面改造应考虑特殊装饰性材料的风险因素和改造策略。

4 玻璃幕墙及玻璃采光顶改造时,应满足幕墙防火、防雷、安全、环境影响的相关规范要求。

5.3.6 既有建筑改造宜设置立体绿化并符合下列规定:

1 垂直绿化宜采取低维护成本的种植方式,与建筑外墙之间宜留出通风间层。

2 屋面绿化宜采取有利于蓄水的技术构造。

5.3.7 既有建筑适老性改造应符合国家和本市现行相关标准的要求,并应符合下列规定:

1 根据老年人的生理和心理需求,进行环境改造和空间改造。

2 根据人体工程学原理,进行室内设施改造。

3 建筑物出入口、楼梯、公共走廊等采用适老化设计。

5.3.8 既有建筑加装电梯应符合下列规定:

1 既有住宅加装电梯应符合现行行业标准《既有住宅建筑功能改造技术规范》JGJ/T 390 和本市有关管理规定的要求。

2 既有建筑外部加装电梯,当采用无机房电梯且电梯控制装置设置于井道顶部时,井道顶部外围护结构应具备隔热性能。

3 设置在建筑外部的电梯井道应具备自然通风或机械通风功能。

5.3.9 既有建筑功能空间改造应进行空间改造和室内装饰装修一体化设计。

5.3.10 根据建筑物功能、资源条件及安装空间等因素,鼓励积极采用太阳能分布式光伏系统,增设或改造的太阳能利用工程宜结合既有建筑条件进行建筑一体化方案设计。

5.4 围护结构

5.4.1 建筑外围护改造应综合考虑安全、防火、防水、环保等要求。外围护结构热工性能宜符合现行上海市工程建设规范《既有公共建筑节能改造技术规程》DG/TJ 08—2137 或《既有居住建筑节能改造技术规程》DG/TJ 08—2136 的规定;当墙体既有外保温系统修缮时,应符合现行上海市工程建设规范《外墙外保温系统修复技术标准》DG/TJ 08—2310 的规定。

5.4.2 需保留既有外立面形象的改造工程应采取外墙内保温系统,并应同时进行建筑热工校核计算。

5.4.3 外墙外保温系统应具有良好的耐久性,宜选用保温、装饰一体化外墙材料及构造系统。

5.4.4 屋面热工性能改造应在结构安全前提下进行,宜选用材料耐久、构造适宜的技术措施。

5.4.5 既有建筑门窗改造应符合下列规定:

1 外窗进行整窗替换时,公共建筑宜符合现行上海市工程建设规范《既有公共建筑节能改造技术规程》DG/TJ 08—2137 的规定,居住建筑宜符合现行上海市工程建设规范《既有居住建筑节能改造技术规程》DG/TJ 08—2136 的规定。

2 公共建筑与居住建筑 7 层及 7 层以上的外窗,改造后气密性等级不宜低于现行国家标准《建筑外门窗气密、水密、抗风压性能分级及检测方法》GB/T 7106 中规定的 6 级;居住建筑 1—6 层的外窗,改造后气密性等级不宜低于现行国家标准《建筑外门窗气密、水密、抗风压性能分级及检测方法》GB/T 7106 中规定的 4 级。

3 南向、东向和西向外窗以及屋面天窗宜加装外遮阳装置，有条件时，宜采用活动遮阳；外遮阳装置应采取安全可靠的方式固定。

6 材 料

6.1 一般规定

6.1.1 既有建筑绿色改造用材料应符合下列规定：

1 满足既有建筑改造的空间和时间要求，具有节能、减排、安全、耐久、便利和高性能等技术优势，可提高建筑的使用功能、安全性和绿色度，并符合生态、环境、安全和健康等相关法律法规的规定。

2 优先采用绿色建材和可循环、可再利用材料。

3 兼顾经济性要求，如有修旧如旧等特殊要求时，材料成本可根据实际情况确定。

6.1.2 既有建筑绿色改造用材料的基本性能和耐久性能应符合国家、行业及本市现行相关标准的规定。

6.1.3 既有建筑外墙节能改造工程中置换用保温材料的燃烧等级应为 A 级；既有建筑保温系统修复后，外墙平均传热系数应不低于原标准的要求。

6.1.4 既有建筑绿色改造采用下列特殊材料、新材料及新工艺时，应在施工前进行适配试验，经检验其性能符合要求后方可使用：

1 结构加固工程选用自密实混凝土、聚合物混凝土、减缩混凝土、微膨胀混凝土、钢纤维混凝土、再生混凝土、合成纤维混凝土、喷射混凝土时。

2 纤维织物复合材或纤维复合板材与未经配伍检验的结构胶粘剂配套使用时。

6.1.5 既有建筑绿色改造不得使用国家、行业或本市相关政策法规文件禁止使用的材料。

6.2 结构改造材料

6.2.1 结构加固用混凝土材料应符合下列规定：

1 强度等级比原结构、构件提高一级，且不得低于 C25 级；其性能和质量符合现行国家标准《混凝土结构加固设计规范》GB 50367 的规定。

2 加固时应使用预拌混凝土，其所掺粉煤灰应为 I 级灰，且粉煤灰烧失量不大于 5.0%。

6.2.2 结构加固用钢材应符合下列规定：

1 钢筋性能符合现行国家标准《混凝土结构加固设计规范》GB 50367 的规定。

2 型钢、钢板及其连接用的紧固件，其品种、规格及性能符合设计要求和现行国家标准《碳素结构钢》GB/T 700、《低合金高强度结构钢》GB/T 1591、《紧固件机械性能》GB/T 3098 的规定。

3 锚栓采用自扩底锚栓、模扩底锚栓或特殊倒锥形锚栓，外观表面光洁、无锈、完整，栓体不得有裂缝或其他局部缺陷；螺纹无损伤，其品种、型号和性能符合设计要求和现行国家标准《混凝土结构加固设计规范》GB 50367 的规定。

4 钢丝绳网片应选用高强度不锈钢丝绳或航空用镀锌碳素钢丝绳，钢丝的公称强度不低于现行国家标准《混凝土结构加固设计规范》GB 50367 的规定值。

5 焊条性能符合现行国家标准《非合金钢及细晶粒钢焊条》GB/T 5117 和《热强钢焊条》GB/T 5118 的规定。

6 不得使用无出厂合格证、无中文标志或未经进厂检验的钢材及再生钢材。

6.2.3 结构加固用纤维材料应符合下列规定：

1 碳纤维布、芳纶纤维、碳纤维板材以及玻璃纤维，其品种、级别和性能符合设计要求和现行国家标准《混凝土结构加固设计规范》GB 50367 的规定，严禁使用玄武岩纤维、大丝束碳纤维替代，严禁采用预浸法生产的纤维织物。

2 应采用 S 玻璃纤维（高强玻璃纤维）、E 玻璃纤维（无碱玻璃纤维），严禁使用 A 玻璃纤维（碱金属氧化物含量高的玻璃纤维）或 C 玻璃纤维（耐化学腐蚀的玻璃纤维）替代。

3 纤维复合材的纤维应连续、排列均匀，织物不得有皱褶、断丝、结扣等严重缺陷，板材不得有表面划痕、异物夹杂、层间裂纹和气泡等严重缺陷，其性能应符合设计要求和现行国家标准《混凝土结构加固设计规范》GB 50367 的规定。

6.2.4 结构加固用胶粘剂应符合下列规定：

1 其品种、级别和性能符合设计要求和现行国家标准《混凝土结构加固设计规范》GB 50367 的规定，严禁使用过期产品或不合格产品。

2 承重结构加固工程中严禁将不饱和聚脲树脂和醇酸树脂作为胶粘剂使用。

3 混凝土用胶粘剂应采用改性环氧类界面胶（剂），其品种、型号和性能应符合设计要求。

6.2.5 结构改造用墙体材料应符合下列规定：

1 外墙改造用墙体材料优先采用蒸压加气混凝土砌块（板）、混凝土小砌块（砖）、非粘土烧结砖（砌块）等，其性能应符合相关标准的规定。

2 隔墙改造用墙体材料优先采用轻质条板、纸面石膏板等，其性能应符合相关标准的规定。

3 除文物保护建筑、优秀历史建筑、保留建筑的修缮工程外，改造时不得使用烧结粘土制品类墙体材料。

6.2.6 结构改造用砂浆应符合下列规定：

1 普通砂浆应采用预拌砂浆，水泥基普通砂浆的性能满足现行国家标准《预拌砂浆》GB/T 25181 的要求,石膏基普通砂浆应满足现行国家标准《抹灰石膏》GB/T 26827 的要求。

2 修补砂浆宜满足现行行业标准《修补砂浆》JC/T 2381 的要求。

3 裂缝注浆料、灌浆料的安全性满足现行国家标准《工程结构加固材料安全性鉴定技术规范》GB 50728 的要求。

4 结构加固用聚合物改性水泥砂浆的安全性满足现行国家标准《工程结构加固材料安全性鉴定技术规范》GB 50728 的要求。

5 当采用镀锌钢丝绳、钢绞线作为聚合物砂浆外加层的配筋时,应在聚合物砂浆中掺入阻锈剂,但不得掺入以亚硝酸盐等为主要成分的阻锈剂或含有氯化物的外加剂。

6.2.7 结构改造用木材应符合下列规定:

1 木材或木产品的性能符合设计要求和现行相关标准的规定。

2 木材或木产品的含水率与被加固构件匹配,且其含水率符合现行国家标准《木结构设计标准》GB 50005 对结构材含水率的控制要求。

3 根据设计需要对木材进行防腐、防虫和防火处理。

6.2.8 结构改造用的其他加固材料应符合现行国家标准《混凝土结构加固设计规范》GB 50367、《工程结构加固材料安全性鉴定技术规范》GB 50728 及本市相关标准的规定。

6.3 墙体节能系统改造材料

6.3.1 墙体节能系统置换改造时,其界面处理剂的性能应符合现行行业标准《混凝土界面处理剂》JC/T 907 的规定,玻璃纤维网布应符合现行行业标准《耐碱玻璃纤维网布》JC/T 841 的规定,普通锚栓应符合现行行业标准《外墙保温用锚栓》JC/T 366 的规定。

6.3.2 墙体节能系统薄层原位修复时，其注浆胶、修复复合层、专用锚栓等应符合现行上海市工程建设规范《外墙外保温系统修复技术标准》DG/TJ 08—2310 的规定。

6.3.3 墙体节能系统厚层原位修复时，其复合热镀锌电焊钢丝网、专用隔热膨胀螺栓、锚栓封堵用粘结砂浆、普通抗裂抹灰砂浆等应符合现行上海市工程建设规范《外墙外保温系统修复技术标准》DG/TJ 08—2310 的规定。

6.3.4 墙体节能系统改造用的其他材料应符合国家、行业及本市现行相关标准的规定。

6.4 屋面改造材料

6.4.1 屋面改造材料应符合相应产品标准的规定，并应符合现行国家标准《屋面工程技术规范》GB 50345 的规定，其燃烧性能和耐火极限应符合现行国家标准《建筑设计防火规范》GB 50016 的规定。

6.4.2 坡屋面改造材料除应符合相应的产品标准规定外，尚应符合现行国家标准《坡屋面工程技术规范》GB 50693 的规定。

6.4.3 种植屋面改造材料除应符合相应的产品标准规定外，尚应符合现行行业标准《种植屋面工程技术规程》JGJ 155 的规定。

6.4.4 单层防水卷材屋面改造材料除应符合相应的产品标准规定外，尚应符合现行行业标准《单层防水卷材屋面工程技术规程》JGJ/T 316 的规定。

6.4.5 屋面改造用防水涂料应符合现行行业标准《建筑防水涂料中有害物质限量》JC 1066 中 A 级有害物质含量的规定，屋面改造用胶粘剂应符合现行国家标准《室内装饰装修材料 胶粘剂中有害物质限量》GB 18583 的规定。

6.4.6 屋面改造用防水材料之间、防水材料与屋面基层及保温隔热层材料之间应具有相容性；当防水层材料与相邻材料不相容时,应增铺与防水层材料相容的隔离材料。

6.4.7 屋面改造用保温隔热系统宜选用低吸水率材料,其强度应满足设计要求。

6.5 室内改造材料

6.5.1 墙面涂料、腻子、人造板、胶粘剂、壁纸、地毯等室内改造用装饰装修材料除应符合相应的产品标准规定外,其环保属性还应符合现行国家标准《建筑用墙面涂料中有害物质限量》GB 18582、《室内装饰装修材料 人造板及其制品中甲醛释放限量》GB 18580、《室内装饰装修材料 胶粘剂中有害物质限量》GB 18583、《室内装饰装修材料 壁纸中有害物质限量》GB 18585、《室内装饰装修材料 地毯、地毯衬垫及地毯胶粘剂有害物质释放限量》GB 18587 等的规定,其防火性能应符合现行国家标准《建筑内部装修设计防火规范》GB 50222 等的规定。

6.5.2 室内改造时,宜选用具有防霉抑菌、净化空气作用的装饰装修材料。

6.5.3 室内改造用隔墙、楼板和门窗的隔声性能应符合现行国家标准《民用建筑隔声设计规范》GB 50118 的规定。

6.5.4 改造后室内空气中的氨、甲醛、苯、总挥发性有机物、氡等污染物浓度应符合现行国家标准《室内空气质量标准》GB/T 18883 和《民用建筑工程室内环境污染控制标准》GB 50325 的规定。

6.5.5 室内装饰装修宜选用工业化预制内装部品。

6.6 地下工程改造材料

6.6.1 地下工程改造材料除应符合相应的产品标准规定外,还应符合现行国家标准《地下工程防水技术规范》GB 50108 的规定。

6.6.2 处于侵蚀介质中的地下工程应采用耐侵蚀的防水混凝土、防水砂浆、防水卷材或防水涂料等防水材料；结构刚度较差或受振动作用的地下工程，宜采用延伸率较大的防水卷材、涂料等柔性防水材料。

6.6.3 防水砂浆可用于地下工程改造主体结构的迎水面或背水面防水，不宜用于受持续振动或温度高于 80 ℃的地下工程防水。

6.6.4 地下工程改造用防水卷材、胶粘剂、防水涂料等应具有良好的耐水性、耐久性、耐刺穿性、耐腐蚀性和耐菌性。

6.6.5 地下工程改造用防水涂料应符合现行行业标准《建筑防水涂料中有害物质限量》JC 1066 中 A 级有害物质含量的规定。

7 结 构

7.1 一般规定

7.1.1 结构改造设计应明确设计后续使用年限，结构改造后的安全性、适用性、耐久性和抗震性能的性能目标应与设计后续使用年限相适应，并应符合下列规定：

    1 结构改造设计应明确改造后建筑功能，在设计后续使用年限内未经技术鉴定或设计许可，不得改变结构用途和使用环境。

    2 结构改造应根据新的建筑功能确定建筑安全等级和建筑抗震设防类别。

    3 应根据设计后续使用年限和环境类别对结构进行耐久性设计，耐久性设计应明确结构后续使用阶段的检测和维护要求；新建结构部分的耐久性设计应符合现行相关结构设计标准的要求；既有结构部分应明确必要的耐久性修复或防护措施。

7.1.2 结构改造宜进行方案优化设计，包括结构改造整体方案优化、新增构件材料比选、截面优化等。

7.1.3 结构改造应与各专业改造需求相结合，优先采用节能改造与安全性能提升相结合、结构与装饰一体化等技术。

7.1.4 结构改造应减少对现有使用功能的影响，优先选用拆除少、现场湿作业少、增加体积小的结构加固新技术；如需新增结构构件，应优先采用预制装配、便于更换、可重复利用的构件。

7.1.5 优秀历史建筑重点保护部位结构构件的安全性不满足要求且无适宜加固方法时，可采用限制使用荷载、局部加强、定期进行安全检查、增设安全监测系统等措施。

7.2 地基基础加固与新增地下空间

7.2.1 既有建筑地基基础加固前,应对场地工程进行详细的资料收集和必要的补充勘察,具体包括下列内容:

 1 收集场地工程地质勘察资料、既有建筑的地基基础及上部结构竣工资料,必要时应进行补充勘察;当场地条件不适宜进行勘察时,如有可靠依据,可参考相邻工程的地质勘察资料。

 2 对场地工程地质资料进行分析,重点分析场地土层分布及其均匀性、地基土物理力学性质、地下水情况、场地稳定性等。

 3 调查既有建筑历史和使用现状,包括使用荷载、使用历史和使用环境、累计沉降和沉降稳定情况、差异沉降、倾斜、裂缝等情况。

 4 调查相邻建筑物、地下工程和管线情况。

7.2.2 地基承载力的取值应按现行上海市工程建设规范《现有建筑抗震鉴定与加固规程》DGJ 08—81 考虑地基长期压密的影响;当需要进行加固时,可采用下列措施:

 1 当基础底面压力设计值超过地基承载力设计值10％以内时,可采用提高上部结构抵抗不均匀沉降能力的措施。

 2 当基础底面压力设计值超过地基承载力设计值10％及以上或建筑物已出现不容许的沉降和裂缝时,可采取地基基础加固或减少荷载的措施。

 3 应按新旧结构地基变形协调原则进行地基基础加固设计,采用对既有建筑附加变形影响小的地基基础加固方案。

7.2.3 既有建筑纠倾时,应符合下列规定:

 1 纠倾方案应综合考虑既有建筑上部结构、地基基础、倾斜状况、倾斜原因、周边环境、经济技术等因素后确定。

 2 可采用迫降法或顶升法纠倾,复杂建筑纠倾可采用多种方法联合进行。

    3 既有建筑纠倾不应对主体结构造成损伤和破坏,同时应保证相邻建筑、管线的安全,并应减少对周边环境的影响。

7.2.4 在既有建筑周边新增地下空间时,基础应与原有基础脱开,并采取措施减小对原有基础的不利影响;如新增地下空间无法与原有基础脱开,应按照新旧结构地基变形协调原则进行整体设计。

7.2.5 在既有建筑下部新增地下空间时,应在基坑设计及结构设计时分别考虑基坑围护的可靠措施及基础托换措施,减小对周边建筑和环境的影响。

7.3 上部结构加固改造

7.3.1 既有建筑绿色改造的结构加固设计应按国家及本市现行相关标准进行。

7.3.2 当上部结构不满足抗震要求时,宜优先选用改变或改善结构体系的整体抗震加固方案,可采取下列措施:

    1 混凝土结构宜结合改造方案,采用提高结构变形能力、改变结构体系或增加结构阻尼及刚度的方法进行加固。

    2 钢结构宜采取防止结构整体失稳和局部失稳、改善结构薄弱部位体系构成、增强结构整体性能的有效措施。

    3 砌体结构宜优先采用提高房屋整体性的抗震加固措施。当房屋无构造柱或构造柱设置不符合规范要求、无圈梁或圈梁设置不符合规范要求、纵横墙交接处咬槎有明显缺陷时,可采用外加圈梁、构造柱、钢拉杆、新增扶壁柱等措施进行加固。

    4 传统木结构宜优先采用提高木构架抗震能力、加强构件连接的方法进行加固。

    5 改造条件允许时,宜采用消能减震和隔震技术。

7.3.3 抗震性能不满足要求的女儿墙、门脸、雨棚、出屋面烟囱等易倒塌伤人的非结构构件,应予以拆除或降低高度;当确需保留时,应进行加固。

7.3.4 既有建筑因局部使用功能调整引起结构改造时,应符合下列规定:

1 承重墙体拆除或开洞时,除应对其影响区域进行结构加固外,尚应依据抗震性能评估结果对整体结构进行必要的抗震加固。

2 楼板开洞时,应根据其受力特征、洞口位置和大小进行受力分析,采取增设洞口边缘构件(边梁)等加固措施。

3 拔除框架柱时,应根据结构受力特点,选取扩大截面、增设转换体系、型钢加固、复合材料加固和预应力体外加固等方法对相邻的框架梁及周边框架柱进行加固。

4 建筑屋面设置采光天窗时,宜采用钢结构、铝合金结构或张拉结构等轻质结构体系。

7.3.5 既有建筑平面扩建改造时,应符合下列规定:

1 扩建部分的结构形式应根据原结构形式进行比选,采用合理的、便于施工的结构方案。

2 当扩建结构与原结构分离时,二者的结构构件应完全脱开,建筑相连部位应采用柔性连接。

3 当扩建结构与原结构相连时,应充分利用原结构构件,避免不必要的拆除和更换,并应采取可靠措施确保扩建结构与原结构的有效连接。当连接部位的原结构构件承载力不满足要求时,应先采取相应的加固措施。

7.3.6 既有建筑室外直接加层改造可采用刚性加层、设置隔震层加层等方法,宜采用轻型结构,原填充墙可替换成轻质隔墙;刚性加层时,应采取有效措施保证新增竖向构件与原结构的连接节点为刚性节点。

7.3.7 既有建筑室内插层改造时,宜符合下列规定:

1 单层排架结构室内插层时,宜优先选用内嵌钢结构框架的方式。

2 多层框架结构室内插层时,新增楼面宜采用钢梁组合楼盖以减小结构自重,整体抗震性能不足时,可通过增设消能减震装置减小地震作用。

7.3.8 对于新旧结构之间的连接,当新旧结构整体设计时,应保证新增结构与原结构的可靠连接;当新旧结构分离设计时,若二者间距较小,应在新旧结构之间填充柔性连接材料。

7.3.9 既有建筑加装电梯改造时,应按下列原则进行设计:

1 既有多层住宅加装电梯的相关要求及技术规定应按照《关于进一步做好既有多层住宅加装电梯工作的若干意见》(沪建房管联〔2019〕749号)等现行相关文件或管理规定执行。

2 除既有多层住宅之外的其他类既有建筑加装电梯,应结合建筑结构现状、加装电梯建筑方案以及新增结构对原结构的影响程度等因素,依据现行相关标准对结构进行评估鉴定,并依据评估鉴定结果对结构进行相应处理后,再进行加装电梯结构的设计。

3 加装电梯新增结构的方案应综合考虑建筑结构现状和功能改造需求制定,宜优先选用对原结构影响较小的加装方式;新增结构宜选用质量轻、施工便捷的结构形式,并应按国家与本市现行标准要求进行设计。

4 当加装电梯新增结构与既有建筑结构脱开时,新增结构与既有建筑结构间应设置防震缝,防震缝的宽度应满足上海市工程建设规范《建筑抗震设计规程》DGJ 08—9的规定和加装电梯新增结构的变形需要;当加装电梯新增结构与既有建筑结构相连时,应采取措施减少新增结构与既有建筑结构之间的差异沉降,并应采取可靠的连接措施。

5 加装电梯新增结构的基础宜与既有结构基础脱开;新增结构基础如需置于原有基础之上时,应考虑对原有基础的影响。

7.3.10 优秀历史建筑进行结构修缮与改造时,应符合《上海市历史风貌区和优秀历史建筑保护条例》的规定,满足不同保护类别对建筑立面、结构体系、平面布局和内部装饰的相关保护要求。

7.3.11 结构构件需加固、改动或置换时,应采取有效的卸载措施,减少对相关构件的影响,必要时,应对相关构件的影响进行复核、验算。

8 暖通空调

8.1 一般规定

8.1.1 既有建筑应通过加强管理和暖通空调系统的能效调适,实现满足人员舒适和提升能源效率的目标。在设施设备性能老化或其他原因导致不能继续使用的情况下,应根据改造前的评估结果制定适宜的暖通空调系统改造方案和系统运行策略。

8.1.2 既有建筑暖通空调系统改造前,应通过数据分析、现场测试结合模拟计算等手段,明确系统实际冷热负荷需求。

8.1.3 既有建筑暖通空调系统改造后,应满足相关室内环境的舒适性和空气品质要求。

8.1.4 既有建筑暖通空调系统节能改造工程设计、施工和调试应符合现行国家标准《民用建筑供暖通风与空气调节设计规范》GB 50736、《通风与空调工程施工质量验收规范》GB 50243 和《建筑节能工程施工质量验收规范》GB 50411 的规定。

8.2 冷热源与能源综合利用

8.2.1 新增暖通空调设备的能效等级应符合国家及本市现行节能标准的要求。当不同标准对设备能效规定有差异时,应选取其中指标要求更高的相关标准为依据进行方案设计。

8.2.2 暖通空调改造所选用的设备应适应建筑具体特点,并满足高效、灵活、便捷的要求。

8.2.3 空调冷热源改造方案应结合冷热源设备的使用寿命、实际能效水平及改造经济性制定。

8.2.4 冷热源设备更换前,应优先采用低成本的节能措施对原有设备进行能效提升。

8.2.5 机组较长时间处于部分负荷的运行工况且部分负荷运行效率偏低时,在确保系统安全性、匹配性及经济性的情况下,宜根据负荷水平更换或新增合适容量的冷水机组,以提高机组部分负荷时的运行效率。

8.2.6 冷热源设备应符合现行国家标准关于环保要求的有关规定;否则,应进行相应的改造或更换,并应符合下列规定:

1 冷热源设备的工质必须符合国家环保要求,采用过渡工质时,机组的使用年限不得超过我国禁用时间表的规定。

2 冷热源设备的燃料应满足现行国家标准规定。

3 锅炉排放应符合上海市人民代表大会常务委员会公告《上海市大气污染防治条例》和现行上海市地方标准《锅炉大气污染物排放标准》DB 31/387 的规定。

8.2.7 热源设备在新增或改造时,宜结合气候、资源和实际供热需求,按照下列优先次序采用能效高的热源设备系统:

1 有废热或工业余热的区域,宜优先作为热源;当废热或余热的温度或热量不足时,热源宜阶梯利用或采用热泵热水机组。

2 根据自然资源和技术经济性,宜充分利用浅层地热能、太阳能等可再生能源,采用地源热泵、太阳能光热等热源设备系统,鼓励采用太阳能热水加热泵的复合供热系统。

3 对全年长时间需要同时供冷和供热的建筑,经技术经济论证合理时,宜采用水-水热泵系统同时供冷、供热。

4 根据安装空间和配电容量,经技术经济论证合理时,宜采用空气源热泵替换燃油、燃气锅炉。

5 在热源温度满足需求的前提下,宜优先采用热泵作热源。

6 当天然气充足、冷热电负荷匹配较好时,经技术经济论证合理,宜采用分布式燃气冷热电三联供系统。

7 对只能采用燃气供热的建筑,根据系统形式和供热需求,宜采用热水锅炉替换蒸汽锅炉,小型蒸汽发生器替换集中蒸汽锅炉;当热源设备设计回水温度不高于 50 ℃时,宜采用冷凝式锅炉。

8 在具有多种资源、结合供热需求且经技术经济性分析合理时,可采用复合热源系统,并设置自动化控制系统。

9 根据改造项目分时电价政策、配电容量、用能特性和建筑空间等条件,结合系统冷热负荷需求分析,可采用蓄能空调系统、蓄能供电系统、蓄能供热系统等不同蓄能介质和供热形式的系统配置方案和运行策略。

8.2.8 冷热源设备应按照系统实际运行负荷规律调整运行策略,合理设置智能控制系统,并应符合下列规定:

1 根据实际供冷供热负荷需求和运行规律,调节供冷供热设备运行台数、容量及配套设备联锁启停,实现按需供冷供热。

2 自动或手动操作,保持不运行的冷热源设备水阀处于关闭状态,防止冷/热水旁通。

3 冷热源设备的出水温度应根据季节调整设定值。

8.2.9 暖通空调设备改造宜根据既有建筑的热负荷需求,对建筑内余热进行回收,并应符合下列规定:

1 燃油/燃气锅炉宜采用烟气余热回收装置,用于加热进水或预热进风。

2 建筑内存在生活热水、供暖或进风预热等稳定热需求时,宜对制冷机组、热泵机组或冷库等进行冷凝热回收。

3 经技术经济论证合理,建筑通风系统、设备排风系统中宜设置全热回收装置,对新风或进风进行预热。

4 采用蒸汽为热源的系统,应回收利用其产生的凝结水。

8.2.10 可根据建筑冷负荷需求、气候条件与自然资源,合理利用自然冷源进行降温,并应符合下列规定:

1 过渡季或冬季需供冷的建筑,可采用自然通风或利用新风供冷,也可采用冷却塔提供冷却水进行供冷。

2 对邻近湖水、江水等地表水资源的建筑,可采用低温冷水提供冷却水;条件适宜时,鼓励采用深层低温冷水直接供冷。

8.2.11 地源热泵改造工程前应进行土壤热物性测试、冷热负荷平衡分析和辅助复合冷热源系统设计;对有生活热水等其他热需求的建筑,可采用余热回收型热泵机组。

8.3 输配系统

8.3.1 风道系统单位风量耗功率限值、空调冷热水系统循环水泵的耗电输冷(热)比应满足现行上海市工程建设规范《公共建筑节能设计标准》DGJ 08—107 的规定。

8.3.2 对于末端冷热负荷变化较大的水系统,在确保安全性的前提下,宜增设变速控制装置,将定流量系统改造为变流量系统。

8.3.3 当原水泵参数过大或过小,一般调节无法满足使用需求时,可考虑更换为与系统匹配的水泵。

8.3.4 当水系统形式与末端负荷不匹配,导致输配系统难以通过调节来满足末端舒适度要求时,宜根据实际情况改造水系统形式。

8.3.5 当末端由于水力或风力不平衡导致舒适度差、空调能耗高等问题时,应对水系统或风系统进行平衡调试。

8.3.6 空调冷热管道的绝热材料及厚度,应按现行国家标准《设备及管道绝热设计导则》GB/T 8175 中的经济厚度和防表面结露厚度的方法计算,建筑物内空调水管的绝热厚度可按照现行上海市工程建设规范《公共建筑节能设计标准》DGJ 08—107 选用。

8.3.7 对于空调系统分区不合理的建筑,改造时宜对空调系统重新分区。

8.3.8 当通风系统使用时间较长且运行工况(风量、风压)有较大变化时,通风机宜采用变频调速风机。

8.4 末端设备

8.4.1 当新风、排风系统改造采用热回收系统时，热回收装置的选用和系统的设计应满足现行上海市工程建设规范《公共建筑节能设计标准》DGJ 08—107 的规定。

8.4.2 过渡季节或供暖季节局部房间需要供冷时，在保证空气品质的前提下，应优先采用直接利用室外新风处理室内冷负荷。

8.4.3 应根据室内的人员密度情况，合理调节室内新风量，降低新风负荷及新风机能耗。

8.4.4 应合理设置末端温控点位置，优化末端温湿度控制效果，匹配冷热源的负荷供给。

8.4.5 空调末端宜设置可供使用者手动调节的控制面板、遥控器或手机 App。

8.5 室内环境

8.5.1 既有建筑绿色改造的空气质量应符合下列规定：

1 改造后室内空气质量应符合现行国家标准《室内空气质量标准》GB/T 18883 和《民用建筑工程室内环境污染控制规范》GB 50325 的规定。

2 改造后建筑的废气应达标排放。

8.5.2 空调通风系统宜根据室内空气质量的要求设置空气净化装置，降低室内空气中的主要污染物浓度，并应符合下列规定：

1 人流量较大公共场所的空调系统宜采用满足规范要求的空气净化装置。

2 当空调区域对于净化要求高时，应根据净化要求安装适宜的空气净化装置，且应有检查口便于日常维护。

3 对回风可能造成污染扩散的系统，应具有相应措施便于截断污染。

8.5.3 根据建筑空间内的空气质量要求，在人员密度较大或室内空气品质要求较高的区域，宜设置空气质量监控系统：

1 在人员密度较大且随时间变化的主要功能区域，宜对 CO_2 浓度进行数据采集和分析，CO_2 的监测位置应与所在区域人员呼吸区接近，并与通风空调系统联动，使 CO_2 浓度满足卫生标准的要求。

2 对于室内空气质量要求较高的功能房间，宜根据需求监测室内污染物浓度，超标实时报警，并与通风系统联动，其限量应符合现行国家标准《室内空气质量标准》GB/T 18883 的规定。

8.5.4 空调与通风系统的噪声和振动控制应采取以下措施：

1 更换或新增冷热源机组、空调末端时，应选用低噪声设备；设备与系统安装时，应采取隔振、消声、隔声措施。

2 机房应设置在对噪声敏感房间干扰小的位置。

3 空调供回水系统进行改造时，应同时采取减少噪声干扰的措施。

8.5.5 空调系统气流组织设计应符合下列规定：

1 改造前室内温度场、速度场不满足人员舒适性要求时，应对送风形式、气流组织进行优化设计，保证气流合理扩散与人员舒适性。

2 高大空间冬季供暖宜采用辐射供暖方式，或采用辐射供暖作为补充；中庭上部的回廊空间宜独立设置送风系统。

3 对于室内气流扩散不佳的场所，宜增设局部气流组织诱导装置。

4 不同功能房间应保证合理的气流组织流向，避免卫生间、餐厅、地下车库等产生的异味或污染物扩散至其他区域或室外主要活动场所。

5 打印机、复印机等污染物散发量大的设备及清洁用品、绿化病虫害防治用品等化学品宜放置在专用房间或区域内，并设置排风系统。

9 给水排水

9.1 一般规定

9.1.1 既有建筑绿色改造应根据改造前的评估结果,制定给水排水系统绿色改造方案。

9.1.2 既有建筑给水排水系统改造应首先考虑合理性和安全性,同时满足国家和本市现行相关标准中对水环境和水资源保护利用的要求。

9.1.3 设备设施在改造时,应满足节水、节能、环保的要求。

9.2 系 统

9.2.1 建筑给水系统改造应满足改造后相应功能的水质、水量和水压的要求,并应符合下列规定:

    1 合理改造供水系统,未充分利用市政水压的建筑应充分利用市政水压供水;供水压力不足时,合理选择供水方式,满足水量和水压要求。

    2 供水压力改造应根据具体情况选择技术措施。

    3 二次供水设施的水池(箱)应设置溢流报警和消毒设施。

    4 对现有材质差、使用年代久、漏损、腐蚀、结垢严重的管材及设备进行更换,更换后的管材和设备应符合国家及本市现行相关标准。

    5 针对存在回流污染的场所,须增设水质污染防护措施。

9.2.2 建筑热水系统在改造时,应综合考虑热源选择、水量、水压、循环及出水恒温情况,并应符合下列规定:

    1 当采用集中热水供应系统时,热水系统分区应与冷水系统分区一致;当采用可再生能源时,应有保证冷热水系统压力平衡的措施。

    2 在对既有热水系统热源加热方式进行充分诊断的基础上,可根据实际情况改造或加装生活热水系统。

    3 集中热水供应系统应合理选择热源,当条件允许时,宜优先采用可再生能源。

    4 当采用集中热水供应系统且热水系统的保温效果不符合规范要求时,应进行改造。

    5 集中热水供应系统中配水点出水水温达到设计水温的时间过长或存在冷热水压差较大、出水温度不稳定的情况时,应进行必要的系统改造。

9.2.3 建筑排水系统改造应根据实际情况选择技术措施,并应符合下列规定:

    1 存在建筑污废水接入室外雨水管网时,应将建筑污废水接入污废水管网。

    2 针对既有住宅存在阳台雨污水混接的项目,应将阳台雨水管接入建筑污水管网,且阳台排水管应有防臭措施。

    3 排水水质应达标排放。

    4 对现有材质差、使用年代久、漏损、腐蚀、结垢严重的管材及设备应进行更换。

9.2.4 管道、设备存在噪声超标的情况时,应考虑增加有效的隔振降噪措施。

9.2.5 用水分项计量改造应根据具体情况选择技术措施,并应符合下列规定:

    1 应按计量要求设置水表,有条件时,宜采用具有远传功能的水表。

2 水表型号选用应符合相应标准的要求,对不满足规范要求的计量设备应进行更换。

3 水表应装设在观察方便、不被任何液体及杂质淹没处和不易受损处。

4 当用水计量装置超过使用年限时,应进行更换。

9.3 节水器具与设备

9.3.1 当现有卫生器具不满足现行国家标准《节水型产品通用技术条件》GB/T 18870 及现行行业标准《节水型生活用水器具》CJ/T 164 的要求时,应更换成节水器具;改造后,用水器具的水效等级不低于其节水评价等级。

9.3.2 绿化灌溉改造有条件时,宜采用节水灌溉系统,自动控制系统宜增设土壤湿度感应器、雨天关闭装置等节水控制措施。

9.3.3 空调循环冷却水系统节水改造应根据具体情况选择技术措施,并应符合下列规定:

1 冷却塔出现老化、漏损、水垢情况后,应进行维修或更换。

2 循环冷却水系统应采取水处理设施。

3 冷却塔的安装位置对其效率和环境有影响时,应进行改造。

9.4 非传统水源利用

9.4.1 既有建筑绿色改造如涉及水景,宜结合雨水利用设施进行水景设计,采取下列措施:

1 根据雨水径流路径和径流量,合理确定水景的位置和规模。

2 对进入水景的雨水,宜采用生态设施削减径流污染。

9.4.2 既有建筑和室外场地同时改造时,宜结合场地条件,合理选择雨水、河道水、再生水等非传统水源进行回用。

9.4.3 非传统水源安全保障应根据具体情况选择技术措施,并应符合下列规定:

    1 当水池(箱)、阀门、水表及给水栓、取水口无明显的非传统水源标志时,应增设非传统水源标志。

    2 当采用非传统水源的公共场所的给水栓及绿化取水口无锁时,应增设锁。

    3 非传统水源在储存、输配等过程中应有足够的消毒杀菌能力,且水质不得被污染。

    4 雨水、中水等在处理、储存、输配等环节中应采取安全防护和定期检测控制措施。

9.4.4 当改造范围内新建非亲水性水景时,其补水应采用满足相应水质要求的非传统水源。

10 电 气

10.1 一般规定

10.1.1 电气改造应核对原有设计并实地探勘,明确切实可行的改造任务和目标,确保改造后的设计完全满足用户功能需求。

10.1.2 电气改造所选用的产品应安全可靠、高效节能、技术先进、经济合理、运行维护方便,严禁使用已被国家淘汰的产品。

10.1.3 电气改造应包含改造期间保障临时用电的技术措施,妥善制定改造全过程电源过渡方案。

10.2 供配电系统

10.2.1 供配电系统的改造设计应符合下列规定:

1 当供配电系统改造中用电负荷发生改变时,应根据既有建筑绿色改造策划方案以及用电设备对供电可靠性的要求及中断供电对人身安全、经济损失所造成的影响程度对用电负荷进行分级。

2 一级负荷应由双重电源供电,二级负荷宜由两回线路供电;一级负荷中特别重要负荷还应增设应急电源。建筑面积大于 40 000 m² 的地下或半地下商店,应设置柴油发电机或第三路独立市电电源作为消防用电设备的应急电源。应急电源与正常电源之间应采取防止并列运行的措施。

3 10 kV 高压用电系统的接线应根据建筑的规模、负荷等级、容量分布以及建筑的外部供电条件等情况确定,合理采用放射式、树干式或环式等接线方式。

4 新增、改建的变配电所应根据既有建筑平面及改造方案合理设置,变压器宜靠近负荷中心。

5 变压器改造应根据改造后用电设备负荷重新计算变压器容量,对变压器台数和容量进行经济性分析,变压器宜工作在经济运行范围,变压器的长期工作负载率不宜大于 75%。

6 应对供配电系统的容量、供电线缆截面和保护电器的动作特性、参数重新进行验算,并调整既有配电回路保护开关的整定值,完善保护的各级选择性配合,并满足供电可靠性。

7 低压配电系统的接线方式宜根据负荷容量、负荷性质和分布情况选用树干式、放射式或链式;大功率非线性用电设备宜由专用回路供电。

10.2.2 配电变压器的选型应符合下列规定:

1 新增或更换的配电变压器应选用低损耗、低噪声节能型,除功能上有特殊要求的场所外,应选用 D,yn11 接线组别的三相变压器。

2 更换或新增变压器能效不应低于现行国家标准《三相配电变压器能效限定值及能效等级》GB 20052 的 2 级标准规定,经评估继续利用的变压器不应低于能效 3 级标准。

10.2.3 配电系统改造应按现行国家标准《火灾自动报警系统设计规范》GB 50116 及相关标准设置电气火灾监控系统,电源插座应由独立的分支回路供电,并配置剩余电流动作保护器。

10.2.4 供电系统改造时,电能质量应符合下列规定:

1 电源连接点的电压波动和闪变应符合现行国家标准《电能质量 电压波动和闪变》GB/T 12326 的限值规定。

2 电源连接点的谐波电压和谐波电流应符合现行国家标准《电能质量 公用电网谐波》GB/T 14549 的限值规定。

3 供配电系统中在公共连接点的三相电压不平衡度应符合现行国家标准《电能质量 三相电压不平衡》GB/T 15543 的限值规定。

10.2.5 供配电系统改造时,无功补偿应符合下列规定:

1 供配电系统改造设计中,应正确选择电动机、变压器的容量,提高用户的自然功率因数。

2 当采用提高自然功率因数措施后仍达不到电网合理运行要求时,宜采用带有串联调谐电抗器的并联电力电容器组作为无功补偿装置;必要时,也可采用静止无功补偿装置。

10.2.6 停车场应设置新能源汽车充电设施或具备充电设施的安装条件,充电设施配电电源应设置单独供电回路。当充电设施容量超过低压配电供电能力时,宜设置单独的变压器。

10.2.7 改造时选用的水泵、风机及其他电气设备应满足现行国家标准《中小型三相异步电动机能效限定值及能效等级》GB 18613 等节能评价值的相关要求。

10.2.8 建筑内的电气和电子设备应首选谐波含量低的产品;当供配电系统谐波或设备谐波超出国家或地方标准的谐波限制规定时,宜对其所在线路采取谐波抑制和治理措施。

10.2.9 电梯设备改造时,应符合下列规定:

1 自动扶梯与自动人行梯应采用节能拖动及节能控制装置,并设置感应传感器以控制自动扶梯与自动人行梯的运行。

2 电梯应具备探测轿厢内无人时自动降低照度、关闭空调、电气系统休眠等节能控制功能;2 台及以上电梯集中布置时,应具备电梯群控功能。

3 电梯系统宜采用变频调速拖动方式,高层建筑电梯系统可采用能量回馈装置。

10.2.10 当技术经济合理时,宜采用光伏发电作为供电电源的一部分,采用的光电产品组件转换效率、衰减率应达到国内先进水平。

10.2.11 电力系统线缆改造应符合下列规定:

1 改造前,应对原有电线电缆和穿线管槽现状进行检测和评估,达不到检测质量要求的,应予以更换。

2 改造时,线缆敷设宜利用原有路由;当现场条件不允许或原有路由不合理时,应按照合理、方便施工的原则敷设。

3 更换室内低压配电电缆时,室内低压配电线路总长度不宜超过 250 m,线路末端电压不应低于额定电压的 5%,电缆截面的设计宜满足经济电流密度的要求。

10.2.12 新增、改建的电气用房和其他重要设备机房应做好接地保护措施。

10.3 照明系统

10.3.1 建筑主要功能房间和居住建筑公共空间的照度、照度均匀度、显色指数(R_a)、色温、统一眩光值(UGR)、频闪等指标应符合现行国家标准《建筑照明设计标准》GB 50034 的规定。

10.3.2 建筑各类房间或场所的照明功率密度值,应符合现行国家标准《建筑照明设计标准》GB 50034 规定的目标值。

10.3.3 长期工作或停留的房间或场所,照明光源的显色指数 R_a 不应小于 80,选用同类光源的色容差不应大于 5 SDCM;当选用发光二极管灯光源时,色温不宜高于 4 000 K,特殊显色指数 R_9 应大于 0。

10.3.4 照明改造应采用光效高、寿命长、电磁干扰小的光源。照明设计不应采用普通照明白炽灯,但对电磁干扰有特殊要求且其他光源无法满足的特殊场合除外;旅馆、商场、超市、居住建筑及其他公共建筑的走廊、楼梯间、厕所、门厅、大堂、地下车库等公共区域应采用发光二极管(LED)灯。

10.3.5 人员长期停留的场所,照明产品的光生物安全性应符合现行国家标准《灯和灯系统的光生物安全性》GB/T 20145 规定的无危险类。

10.3.6 改造时选择的照明灯具、镇流器应通过国家强制性产品认证,且应符合相关能效标准的节能评价值。

10.3.7 选用单灯功率小于或等于 25 W 的气体放电灯时,除自镇流荧光灯外,其镇流器应选用谐波含量低的产品。选用 LED 调光器时,应与 LED 灯特性匹配;当 LED 灯功率小于或等于 5 W 时,功率因数不应低于 0.7;当功率大于 5 W 时,功率因数不应低于 0.9。

10.3.8 不应采用间接照明或漫射发光顶棚的照明方式。

10.3.9 在有集中空调而且照明容量大的场所,宜采用照明灯具与空调回风口结合的形式。

10.3.10 当房间或场所装设 2 列或多列灯具时,宜按下列方式分组:

1 生产场所宜按车间、工段或工序分组。

2 在有可能分隔的场所,宜按每个有可能分隔的场所分组。

3 电化教室、会议厅、多功能厅、报告厅等场所,宜按靠近或远离讲台分组。

4 除上述场所外,所控灯列可与侧窗平行,并实现分组。

10.3.11 建筑照明控制系统应满足下列规定:

1 应根据建筑物的建筑特点、建筑功能、建筑标准、使用要求等具体情况,对照明系统进行分散与集中、手动与自动相结合的控制。

2 设置智能照明控制系统时,在有自然采光的区域,宜设置随室外自然光的变化自动控制或调节人工照明照度的装置。

3 遮阳装置宜与照明控制系统及空调系统联动。

10.3.12 夜景照明改造的设计应根据建筑的功能、环境区域亮度、表面装饰材料、城市规模等确定合理的亮度或照度标准,并符合下列规定:

1 建筑物的夜景照明设计应满足现行行业标准《城市夜景照明设计规范》JGJ/T 163 的规定。

2 应根据建筑特点合理采用局部照明方式,避免采用大面积投光将整个建筑均匀照亮的方式。

3 夜景照明应设置平时、一般节假日、重大节日(庆典活动)等多种控制模式,并宜设置深夜减光控制方案。

4 当有管理需求时,夜景照明控制系统应预留与市、区灯光联动的接口。

10.3.13 三相照明线路各相负荷的分配宜保持平衡,最大相负荷电流不宜超过三相负荷平均值的 115%,最小相负荷电流不宜小于三相负荷平均值的 85%。

10.4 智能化系统

10.4.1 面积大于 20 000 m^2 的大型公共建筑以及大于 10 000 m^2 的机关办公建筑改造时,应设置用能监测系统,实现水、电、燃气、燃油、外供热源、外供冷源、可再生能源的分类和分项计量,并对采集的能耗数据进行汇总和分析,所采集的数据应联网报送至上级能耗监测平台。系统建设应符合现行上海市工程建设规范《公共建筑用能监测系统工程技术标准》DGJ 08—2068 的规定。

10.4.2 既有建筑改造应针对建筑运行与管理的需要改造或设置智能化系统,系统应满足现行国家标准《智能建筑设计标准》GB 50314 的配置要求。

10.4.3 建筑设备监控系统应对集中供暖与空调系统进行监测与控制,其内容可包括参数检测、参数与设备状态显示、自动调节与控制、工况自动转换、能量计算以及中央监控与管理等,并宜符合现行上海市工程建设规范《公共建筑节能设计标准》DGJ 08—107 的规定。

10.4.4 面积大于 20 000 m^2 的大型公共建筑应设置能源管理系统,实现对建筑主要用能设备运行参数的数据采集和数据分析,优化控制策略和管理模式。

10.4.5 地下停车库的通风系统宜实现定时启停(台数)控制或根据车库内的 CO 浓度进行阈值控制。

10.4.6 封闭式停车库(场)应设置安全管理系统实现出入口控制,系统的设置应符合现行行业标准《停车库(场)安全管理系统技术要求》GA/T 761 的规定。大型公共建筑停车库(场)可根据管理要求及场地条件设置智能停车管理系统,实现车位检测、泊车引导等功能。

10.4.7 养老设施应根据老年人生活起居和安全保障需求设置基本业务办公及信息管理、健康管理、养护服务、环境监测、人身安全监护、报警求助、照明控制等养老专用系统。

10.4.8 居住建筑信息接入系统改造应采用光纤到户的方式,每套住户应配置家居配线箱。居住区域内通信管线、有线电视管线及其他弱电管线的设计应统一考虑,宜采用共建共享方式。

10.4.9 居住建筑改造应设置访客楼宇对讲和单元门电动控制装置。高层住宅的消防设计应符合现行上海市工程建设规范《住宅设计标准》DGJ 08—20 的规定。

11 施工与验收

11.1 一般规定

11.1.1 既有建筑绿色改造施工应建立绿色施工组织管理体系与绿色施工管理办法,编制改造施工组织设计和专项方案,并包含绿色改造施工管理措施、节能环保措施以及安全文明施工管理措施等,对施工现场进行严格管控。施工组织设计和专项方案须经过审批,并在交底后方可实施。

11.1.2 施工现场应在醒目处设置绿色改造施工公示牌,并定期开展绿色施工相关宣传培训,制定管理办法并实施监督。

11.1.3 施工前,应对照设计图纸对现场进行施工查勘,当发现与现状不相符时,应调整改造方案,并与设计、监理单位进行沟通协商,经确认后实施。

11.1.4 施工时,应对自身非改造区域及相邻非改造建筑物采取有效的隔离、防护措施,避免造成破坏。针对邻近文物古迹、历史建筑、古树名木、轨道交通设施、周围建筑物及管线道路,应采取相应的保护措施。

11.1.5 绿色改造施工宜使用新材料、新技术、新工艺,并经工艺评定后使用;应选用绿色新型建材、环保节能型机械设备,严禁使用落后淘汰的产品、设备和材料;应采用信息化手段辅助施工管理,并对施工全过程中的资源耗费情况进行计划与管控。

11.1.6 改造工程项目档案应按相关标准要求归档,宜使用信息化、数字化等电子文档保存方式。

11.1.7 建筑主体结构、围护结构、屋面、门窗、机电系统与设备的验收应符合国家及本市现行相关标准及管理规定。

11.2 绿色施工

11.2.1 施工场地布置应科学合理,充分利用原有道路、设施管线等资源,保护和利用施工用地范围内原有建筑、设施及植被绿化,并应符合下列规定:

1 施工总平面应布置紧凑,并随施工阶段调整优化。

2 施工总平面布置宜充分利用场地内原有建筑物、构筑物、道路等。

3 施工措施类及临时类内容应选用周转装配式材料。

4 临时设施宜采用高效保温隔热性能良好的材料,生活办公区宜采用自动联控的节能灯具。

11.2.2 对于具有不间断使用和运营需求的改造工程,应合理进行施工组织,采取低环境影响、分区域交替实施的施工方式。

11.2.3 绿色改造涉及结构加固改造施工时,应优先选用工业化建造技术,提高工程材料的工厂化加工生产比率,节约材料,降低劳动强度,加快施工速度。

11.2.4 绿色改造涉及地基基础加固施工时,应控制注浆深度、压力、速度及注浆量,防止注浆材料对土体的扰动和影响。

11.2.5 绿色改造施工应使用预拌砂浆和预拌混凝土,历史建筑等修缮工程中需要使用的黏土砖或其他黏土制品宜优先选用原有材料。

11.2.6 绿色改造施工应采用节水施工工艺,施工现场管网和用水器具应不渗漏。

11.2.7 绿色改造施工应建立废弃物回收系统对垃圾进行处理,实现资源的回收再利用,并应符合下列规定:

1 建筑垃圾应分类堆放处理,宜实行减量化、资源化处置。

2 有毒、有害建筑垃圾应采取独立处理措施,实行无害化处置。

3 生活垃圾应分类储存、投放和搬运，及时清理。

11.2.8 绿色改造施工应最大程度地减少对周边环境及居民生活的影响，通过配备环保节能设备、设置绿色施工防护围挡等方式，有效降尘、减振、降噪，减少光污染，防止有害气体扩散，严格控制施工时间。

11.2.9 施工现场严禁燃烧化工产品及产生烟尘或有毒气体的物质。

11.2.10 施工现场应配备噪声检测仪、pH 试纸等检测仪器、工具和物品，制定相应的环境保护管理办法和措施，并开展相应检测。施工现场噪声排放不得超过现行国家标准《建筑施工场界环境噪声排放标准》GB 12523 的相关要求，现场污水排放应达到现行国家标准《污水综合排放标准》GB 8978 的相关要求。

11.3 竣工验收

11.3.1 竣工验收时，应已完成合同规定的所有施工内容并经过质量检查和评定，同时具备有完整的技术档案和施工管理资料。

11.3.2 既有建筑绿色改造工程涉及节能改造的部分，应进行节能改造工程施工质量验收，并应符合现行国家标准《建筑节能工程施工质量验收规范》GB 50411 和现行上海市工程建设规范《建筑节能工程施工质量验收规程》DGJ 08—113 等的规定。

11.4 竣工调试与交付

11.4.1 竣工验收时，应按相关规范和标准要求对各类系统与设备进行调试与试运行，包括暖通空调系统与设备、给水排水系统与设备、建筑电气及自动化系统与设备等。

11.4.2 通风与空调工程竣工验收的系统调试包括设备单机试运转与调试、系统无生产负荷下的联合试运行与调试，并应符合下列规定：

　　1　应由施工单位负责，监理单位监督，设计单位与建设单位参与和配合。

　　2　由施工企业或委托具有调试能力的其他单位进行。

　　3　系统调试前，应编制调试方案，并应报送专业监理工程师审核批准。

11.4.3　系统调试与竣工验收完成后，施工单位应按工程合同约定进行工程竣工交付，并组织工程保修、工程使用说明等服务活动。

12 运行维护

12.1 一般规定

12.1.1 既有建筑绿色改造完成后,宜根据项目特点开展综合调适和改造后评价。

12.1.2 物业管理机构应建立值班、交接班、报告记录等工作流程,并维护接管验收资料、基础管理措施、运行维护记录的管理档案。

12.1.3 物业管理机构应进行日常维护管理,发现隐患,应及时排除和维修。

12.1.4 物业管理机构应制定适宜的暖通空调设备运行策略与建筑耗能分析工作流程。

12.1.5 物业管理宜应用信息化手段,并利用信息化平台不断优化节能、节水和设备运维管理方法。

12.2 综合调适

12.2.1 综合调适时,应制定调适方案,综合调适须有连续性且调适周期不宜少于1年。

12.2.2 综合调适范围包括暖通空调系统、给水排水系统、电气及智能化系统、可再生能源系统、非传统水资源利用系统等。

12.2.3 综合调适流程包括现场检查、室内环境质量检测、平衡调适验证、设备性能测试、自控功能验证、系统联合运转、综合效果验证等。

12.3 改造后评价

12.3.1 既有建筑绿色改造后,宜对建筑设备和系统的运行情况进行跟踪评价。

12.3.2 既有建筑绿色改造评价宜按照现行国家标准《既有建筑绿色改造评价标准》GB/T 51141 执行。

12.4 运行管理规定

12.4.1 物业管理机构应制定并实施节能、节水、节材、环保与绿化管理规定。

12.4.2 公共设施设备运行宜优先采用安全、健康、绿色的运行技术,并应制定操作规程,合理配置运行管理人员。

12.4.3 应根据公共设施设备运行状况和使用年限建立预防性维护保养机制,制定维护保养工作计划,确保设施设备正常运行;维护保养过程应采用信息化管理手段。

12.4.4 智能化系统应定期进行维护保养,并应制定设备及耗材的管理方法,应有完整的运行维护记录,确保系统运行有效。

12.4.5 应制定并实施垃圾管理规定,并应分类收集、规范存放,对垃圾物流进行有效控制,防止垃圾的二次污染。

12.5 建筑结构维护

12.5.1 物业管理机构应对房屋的使用状况进行日常巡查,加强监管,有条件的,可以建立健康监测系统,实时了解建筑结构运行状态;当出现影响正常使用的建筑结构损伤时,应予以维护修缮;当出现影响安全性的建筑结构损伤时,应委托专业机构进行安全性评估并采取相应的措施。

12.5.2 建筑围护结构的维护应包含下列主要内容：

    1 屋面防水层、保温隔热层。

    2 外墙外保温系统。

    3 外窗五金构件、窗框、玻璃等。

12.5.3 结构构件的维护应包含下列主要内容：

    1 混凝土构件中，对影响其耐久性的缺陷、钢筋锈蚀及超过宽度限值的裂缝进行处理。

    2 砌体构件中，对影响其正常使用的墙体裂缝进行处理。

    3 木构件中，与基础直接接触的木柱柱根的防腐防潮处理。

    4 钢构件中，锈蚀部位的除锈及重做防锈处理，防火措施失效部位的防火处理。

12.6 设施设备维护

12.6.1 自动控制系统的传感器、变送器、调节器和执行器等基本元件应定期进行维护保养。

12.6.2 建筑设备监控系统的设备运行状态显示不正确、设备响应不正确或设备运行数据记录不准确时，应对系统进行修复。

12.6.3 给水水池、水箱等储水设施应定期清洗消毒，每半年不应少于1次。

12.6.4 二次供水设施宜设置在线监测系统，实时监测水质并定期发布监测成果；非传统水源水质宜定期进行检测。

12.7 室外环境维护

12.7.1 既有建筑道路设施修复和路面硬化，照明设施、排水设施、安全防范设施、垃圾收储设施、无障碍设施修缮及更新，绿化景观功能提升等宜与既有建筑主体维护修缮同步实施。

12.7.2 景观绿化应做好日常养护，定期进行维护管理，及时栽种、补种乡土植物,新栽种和移植的树木一次成活率应大于 90%。

12.7.3 绿化区应采用无公害的病虫害防治技术,规范杀虫剂、除草剂、化肥、农药等化学药品的使用,不应对土壤和地下水环境造成损害。

12.8 监测系统运行维护

12.8.1 设有用能监测系统的建筑,运营公司应监测、控制、统计和评估建筑能源使用情况。

12.8.2 设有室内空气质量监控系统的建筑,运营公司应监测、控制和评估室内空气品质和室内湿热环境质量状况。

12.8.3 用能监测系统和室内空气质量监测系统的监测计量仪表、传感器应定期检验校准。

本标准用词说明

1 为了便于在执行本标准条文时区别对待,对要求严格程度不同的用词说明如下:

    1）表示很严格,非这样做不可的用词:

        正面词采用"必须";

        反面词采用"严禁"。

    2）表示严格,在正常情况下均应这样做的用词:

        正面词采用"应";

        反面词采用"不应"或"不得"。

    3）表示允许稍有选择,在条件许可时首先这样做的用词:

        正面词采用"宜";

        反面词采用"不宜"。

    4）表示有选择,在一定条件下可以这样做的用词,采用"可"。

2 标准中指明应按其他有关标准执行的写法为:"应符合……的规定"或"应按……执行"。

引用标准名录

1 《碳素结构钢》GB/T 700
2 《低合金高强度结构钢》GB/T 1591
3 《声环境质量标准》GB 3096
4 《紧固件机械性能》GB/T 3098
5 《非合金钢及细晶粒钢焊条》GB/T 5117
6 《热强钢焊条》GB/T 5118
7 《建筑外门窗气密、水密、抗风压性能分级及检测方法》
   GB/T 7106
8 《设备及管道绝热设计导则》GB/T 8175
9 《污水综合排放标准》GB 8978
10 《电能质量 电压波动和闪变》GB/T 12326
11 《工业企业厂界环境噪声排放标准》GB 12348
12 《建筑施工场界环境噪声排放标准》GB 12523
13 《电能质量 公用电网谐波》GB/T 14549
14 《电能质量 三相电压不平衡》GB/T 15543
15 《室内装饰装修材料 人造板及其制品中甲醛释放限
   量》GB 18580
16 《建筑用墙面涂料中有害物质限量》GB 18582
17 《室内装饰装修材料 胶粘剂中有害物质限量》GB 18583
18 《室内装饰装修材料 壁纸中有害物质限量》GB 18585
19 《室内装饰装修材料 地毯、地毯衬垫及地毯胶粘剂有害
   物质释放限量》GB 18587
20 《中小型三相异步电动机能效限定值及能效等级》
   GB 18613

21 《节水型产品通用技术条件》GB/T 18870

22 《室内空气质量标准》GB/T 18883

23 《三相配电变压器能效限定值及能效等级》GB 20052

24 《灯和灯系统的光生物安全性》GB/T 20145

25 《预拌砂浆》GB/T 25181

26 《抹灰石膏》GB/T 26827

27 《木结构设计标准》GB 50005

28 《建筑照明设计标准》GB 50034

29 《地下工程防水技术规范》GB 50108

30 《民用建筑隔声设计规范》GB 50118

31 《建筑工程抗震设防分类标准》GB 50233

32 《通风与空调工程施工质量验收规范》GB 50243

33 《智能建筑设计标准》GB 50314

34 《民用建筑工程室内环境污染控制规范》GB 50325

35 《屋面工程技术规范》GB 50345

36 《混凝土结构加固设计规范》GB 50367

37 《建筑节能工程施工质量验收规范》GB 50411

38 《坡屋面工程技术规范》GB 50693

39 《工程结构加固材料安全性鉴定技术规范》GB 50728

40 《无障碍设计规范》GB 50763

41 《民用建筑供暖通风与空气调节设计规范》GB 50736

42 《既有建筑绿色改造评价标准》GB/T 51141

43 《停车库(场)安全管理系统技术要求》GA/T 761

44 《外墙保温用锚栓》JG/T 366

45 《种植屋面工程技术规程》JGJ 155

46 《城市夜景照明设计规范》JGJ/T 163

47 《城市居住区热环境设计标准》JGJ 286

48 《单层防水卷材屋面工程技术规程》JGJ/T 316

49 《既有住宅建筑功能改造技术规范》JGJ/T 390

50 《耐碱玻璃纤维网布》JC/T 841

51 《混凝土界面处理剂》JC/T 907

52 《建筑防水涂料中有害物质限量》JC 1066

53 《修补砂浆》JC/T 2381

54 《节水型生活用水器具》CJ/T 164

55 《建筑工程交通设计及停车库(场)设置标准》DG/TJ 08—7

56 《住宅设计标准》DGJ 08—20

57 《现有建筑抗震鉴定与加固规程》DGJ 08—81

58 《公共建筑节能设计标准》DGJ 08—107

59 《建筑节能工程施工质量验收规程》DGJ 08—113

60 《公共建筑用能监测系统工程技术标准》DGJ 08—2068

61 《既有居住建筑节能改造技术规程》DG/TJ 08—2136

62 《既有公共建筑节能改造技术规程》DG/TJ 08—2137

63 《外墙外保温系统修复技术标准》DG/TJ 08—2310

64 《锅炉大气污染物排放标准》DB31/387

上海市工程建设规范

既有建筑绿色改造技术标准

DG/TJ 08—2338—2020
J 15429—2020

条 文 说 明

2021　上海

目　次

1　总　　则 ·· 69

2　术　　语 ·· 71

3　基本规定 ·· 72

4　评估与策划 ·· 73

　　4.1　一般规定 ·· 73

　　4.2　改造评估 ·· 73

　　4.3　改造策划 ·· 86

5　规划与建筑 ·· 88

　　5.1　一般规定 ·· 88

　　5.2　规划与场地 ······································· 89

　　5.3　建筑单体 ·· 96

　　5.4　围护结构 ·· 103

6　材　　料 ·· 104

　　6.1　一般规定 ·· 104

　　6.2　结构改造材料 ···································· 105

　　6.3　墙体节能系统改造材料 ···················· 107

　　6.4　屋面改造材料 ···································· 109

　　6.5　室内改造材料 ···································· 110

　　6.6　地下工程改造材料 ·························· 111

7　结　　构 ·· 113

　　7.1　一般规定 ·· 113

　　7.2　地基基础加固与新增地下空间 ·········· 115

　　7.3　上部结构加固改造 ·························· 117

8 暖通空调 ·· 120

　　8.1 一般规定 ······································ 120

　　8.2 冷热源与能源综合利用 ···················· 121

　　8.3 输配系统 ···································· 125

　　8.4 末端设备 ···································· 127

　　8.5 室内环境 ···································· 128

9 给水排水 ·· 133

　　9.1 一般规定 ······································ 133

　　9.2 系　统 ·· 134

　　9.3 节水器具与设备 ·························· 138

　　9.4 非传统水源利用 ·························· 140

10 电　气 ·· 143

　　10.1 一般规定 ···································· 143

　　10.2 供配电系统 ································ 143

　　10.3 照明系统 ···································· 149

　　10.4 智能化系统 ································ 153

11 施工与验收 ·· 155

　　11.1 一般规定 ···································· 155

　　11.2 绿色施工 ···································· 156

　　11.4 竣工调试与交付 ·························· 157

12 运行维护 ·· 158

　　12.1 一般规定 ···································· 158

　　12.2 综合调适 ···································· 158

　　12.3 改造后评价 ································ 159

　　12.4 运行管理规定 ·························· 159

　　12.5 建筑结构维护 ·························· 160

　　12.8 监测系统运行维护 ···················· 161

Contents

1 General provisions ································· 69

2 Terms ·· 71

3 Basic requirements ······························ 72

4 Assessment and planning ························· 73

   4.1 General requirements ························ 73

   4.2 Retrofitting assessment ····················· 73

   4.3 Retrofitting planning ························ 86

5 Planning and architecture ······················ 88

   5.1 General requirements ························ 88

   5.2 Planning and site ·························· 89

   5.3 Individual building ························· 96

   5.4 Building envelope ························· 103

6 Materials ·· 104

   6.1 General requirements ······················ 104

   6.2 Materials for structural retrofitting ··········· 105

   6.3 Materials for wall energy-saving system retrofitting
   ··· 107

   6.4 Materials for roof retrofitting ··············· 109

   6.5 Materials for indoor retrofitting ············· 110

   6.6 Materials for substruction retrofitting ········· 111

7 Sturcture ·· 113

   7.1 General requirements ······················ 113

   7.2 Foundation reinforcement and new underground
   space ··· 115

   7.3 Superstructure strengthening and retrofitting ····· 117

8 Heating ventilation and air conditioning ·················· 120

  8.1 General requirements ······························· 120

  8.2 Cold & heat source and energy comprehensive
     utilization ··· 121

  8.3 Distribution system ······························· 125

  8.4 Terminal unit ······································· 127

  8.5 Indoor environment ······························· 128

9 Water supply and drainage ····························· 133

  9.1 General requirements ······························· 133

  9.2 System ··· 134

  9.3 Water-saving equipment ··························· 138

  9.4 Nontraditional water source utilization ·············· 140

10 Electricity ·· 143

  10.1 General requirements ····························· 143

  10.2 Power supply and distribution system ············ 143

  10.3 Lighting system ·································· 149

  10.4 Intelligent system ······························· 153

11 Construction and acceptance ························· 155

  11.1 General requirements ····························· 155

  11.2 Green construction ······························· 156

  11.4 Commissioning and delivery on completion ······ 157

12 Operation and maintenance ··························· 158

  12.1 General requirements ····························· 158

  12.2 Comprehensive commissioning ·················· 158

  12.3 Assessment after green retrofitting ·············· 159

  12.4 Operation management ·························· 159

  12.5 Maintenance and repair of building structure ······ 160

  12.8 Operation and maintenance of monitoring system
     ··· 161

1 总 则

1.0.1 本条是编制本标准的宗旨。

中国特色社会主义进入新时代,创新、协调、绿色、开放、共享五大发展理念已成为中国城市发展的主旋律。党的十八届三中全会首次提出以人民为中心的发展思想,不断保障和改善民生、增进人民福祉。党的十九届四中全会强调坚持和完善统筹城乡的民生保障制度,满足人民日益增长的美好生活需要。既有建筑改造着力保障和改善民生,其成果可惠及全体人民。

《上海市城市总体规划(2017—2035 年)》提出了建设卓越全球城市的目标,以提高城市活力和品质为目标,积极探索渐进式、可持续的有机更新模式,以存量用地的更新利用来满足城市未来发展的空间需求,同时做好城市文化的保护与传承。在增量扩张向存量优化的转换过程中,既有建筑改造尤其是既有建筑绿色改造无疑是上海市实现可持续有机更新模式的重要途径。

国家标准《既有建筑绿色改造评价标准》GB/T 51141 正式实施以来,促进了我国既有建筑绿色改造的工作推进,但该标准旨在规范既有建筑改造后的绿色评价,对绿色改造具体实施的指导性不强。中国工程建设标准化协会标准《既有建筑绿色改造技术规程》T/CECS 465 提供了绿色改造的具体解决办法,但对上海市城市发展的特性、改造技术对上海典型气候的适应性等问题不具有针对性。

制定本标准的目的是关注上海城市发展特点,立足上海市地方特色,为本市既有建筑绿色改造提供全面解决方案,推进本市既有建筑绿色改造的健康发展。

1.0.2 本标准以夏热冬冷地区的绿色改造专项技术为引导,体现

"建筑全生命期管理"的绿色改造内涵,编制内容从改造前的评估策划到改造设计、施工及后期绿色运营维护都有涉及,并且涵盖了建筑、材料、结构、暖通空调、给水排水、电气、施工、运维等各个专业。

既有建筑绿色改造应结合自身特点及区域优势,遵循"四节一环保"的理念,采取适宜的改造技术。本标准注重建筑单体改造与城市更新的有机融合,实现建筑、空间、功能、环境、交通、人文的合理融合,并增加有关环境、场地、小区综合提升的内容比例,改造技术覆盖不同建筑类型,如民用建筑(居住、公共)、工业建筑等,并以民用建筑为主。

1.0.3 既有建筑绿色改造项目的绿色建筑标识评价认定应执行国家、行业和本市现行相关绿色建筑评价标准。如涉及优秀历史建筑和历史风貌区内既有建筑的绿色改造,其改造应尽可能保护和保留原有历史风貌,同时应避免破坏相邻建筑或影响周边街区,应符合国家有关规定以及《上海市历史风貌区和优秀历史建筑保护条例》的规定。

2 术 语

2.0.1 以"四节一环保"为基本约束，以"以人为本"为核心要求，对建筑的安全耐久、健康舒适、生活便利、资源节约、环境宜居等方面的性能进行提升的既有建筑的维护、更新、加固等活动都可以纳入绿色改造的范畴。

2.0.5 改造后增加的总荷载标准值超过原来的5%时，可认为荷载明显增加。主体结构布置明显改变是指如抽柱、拆除承重墙、墙体或楼板大开洞等明显改变荷载分布或对原结构产生新的薄弱部位。

3 基本规定

3.0.1 既有建筑绿色改造宜首先对拟改造建筑进行基础调研,对其现状进行诊断和评估,在此基础上策划改造方案。既有建筑绿色改造可以涉及多个专业,也可根据实际需求仅涉及单一专业,但为了最大化地体现绿色化改造效果,有条件时,应开展多专业融合的综合性改造设计与多专业同步改造实施。投入运营后还应重视后续维护与管理。

3.0.2 既有建筑绿色改造应从技术可靠性、可操作性及经济性等方面进行综合分析,应因地制宜选择改造内容和改造技术。随着科技进步,建造手段不断提高,既有建筑绿色化改造的设计与建造宜多采用工业化、模块化的技术手段,设计之初就应考虑运营的信息化基础与智能化的控制技术。

3.0.3 形成并保留既有建筑绿色改造的全过程文件,可指导各阶段改造的实施,并有利于改造后既有建筑的运维管理与可持续更新。

4 评估与策划

4.1 一般规定

4.1.1 既有建筑绿色改造评估与策划是改造方案确定的前提和基础,通过现场勘查和评估,对既有建筑的现状进行全面摸底,结合技术经济分析、业主改造意愿及既有建筑绿色改造评价标准的相关评分项等,挖掘既有建筑绿色改造的潜力,保证改造方案的可实施性、经济性,为改造规划和技术设计提供依据。

4.1.2 既有建筑绿色改造可根据项目改造需求、资金投入等情况,结合改造内容,对规划与建筑、材料、结构、暖通空调、给水排水、电气等进行全专业评估或个别专业评估,并宜委托专业机构进行。既有建筑绿色改造评估方法包括现场查勘、问卷调研、文件审阅、现场检测、软件模拟、计算分析等。

4.1.3 既有建筑绿色改造评估报告宜给出是否进行绿色改造的结论和改造建议。

4.1.4 既有建筑绿色改造策划阶段,宜根据项目改造涉及的内容、难易、繁简程度,出具可行性研究报告或改造方案。

4.2 改造评估

Ⅰ 规划与建筑

4.2.1 既有建筑绿色改造的功能定位需要在规划设计中根据城市及区域发展的需求、区位条件、主要既有建筑的空间、结构形式及其建筑风格、环境特征、生态现状和生态治理方式等进行综合考虑,在城市规划适应性评估、场地适建、环境影响等可行性研究的基础上,进行合理的功能定位与布局。符合城市需要与实际可行的定位是策划绿色改造的根本。

应尽量保护既有建筑周边生态环境,保留、利用既有建筑场地中保存状态较好、有代表性的建筑物、构筑物、环境、交通与基础设施。若既有建筑类型与功能布局难以满足改造后的功能需求,或存在部分保存状态较差及使用过程中临时搭建的建筑物、构筑物,可在调研与评估的基础上,结合规划设计需要予以适当拆除与更新。

为集约使用土地,应合理利用地下空间以满足功能升级改造的需求。

4.2.2 本条主要对既有建筑场地安全、周边生态环境、交通、设施设置、绿化用地、消防条件、施工可行性等方面进行评估。

1 既有建筑场地安全性的评估应包括下列内容:场地安全性及稳定性,包括自然灾害和地质灾害影响,场地及周边存在的危险化学品、易燃易爆危险源,电磁辐射影响、土壤污染状况等;场地内污染物排放情况。

2 场地周边生态环境的评估包括场地周边园林绿地、河道水系、道路、既有建筑物、构筑物和设施设备等的现状。

3 场地内车行、人行及与场地内外连接的无障碍设施是实现绿色出行的重要组成部分,也是各类人群安全出行的重要保障,应对既有建筑场地交通现状做一个全面评估。场地交通的评估包括场地内车行、人行路线的设置等。

4 评估时现场查看机动车与非机动车等停车设施、无障碍设施、公共服务设施的设置情况。

5 合理设置场地内绿化用地,可以改善和美化环境、调节微气候、缓解热岛效应等。绿地率、集中绿化率是衡量场地环境质量的重要指标之一,绿化用地设置指标与现行国家标准《城市绿地设计规范》GB 50420 的要求相对比,对不符合规范要求的,宜进行改造。场地绿化用地评估包括场地内绿地率、集中绿化的现状,复合绿化、透水地面与透水铺装的布置等。

6 场地消防评估内容包括现有消防设施、消防通道、疏散场地、相邻建筑防火间距、新能源汽车充电设施周边消防条件等。

7 改造后建筑功能对周边和社区环境的影响包括原有建筑轮廓的影响,对周边道路、车流量、人流量的影响,对周边排水、生活垃圾处理以及景观的影响等。此外,个别特殊功能建筑还应对特定建筑间的安全距离进行评估,如考虑疫情防控等要求的集中隔离建筑等。

8 施工可行性评估内容包括施工空间、施工安全、临时措施等。

评估方法:①查阅工程地质勘查报告、场地地形图、环评报告等;现场查看场地周边环境,进行现场检测。②查阅建筑总平面、建筑竣工图纸、景观设计图纸、停车设施运行记录、消防设施布局图等;现场查看、询问和问卷调查。

4.2.3 本条主要对既有建筑场地声、风、光、热、水等环境现状进行评估。

建筑场地中的声、风、光、热、水等环境,对日常生活具有重要影响。如:光污染产生的眩光会让人感觉不舒服,会降低人对重要信息的辨别能力,存在道路安全等隐患;日照及人工夜景照明环境会直接影响居住者的正常生活和居住质量;冬季场地内风环境会影响人们正常室外活动。本条中的热环境指既有建筑周围的户外热环境,户外热环境的改造主要是为了创造满足人体舒适度的户外公共活动空间。水环境涉及户外景观水体、周边河道影响等内容。

在绿色改造时,应评估现有建筑的场地环境水平,根据国家和本市现行相关标准及既有建筑的实际情况,提高或不降低原有的声、风、光、热、水等环境。

评估方法:查阅设计文件、各分项报告、竣工资料等,对场地建筑环境进行现场实测并模拟计算。

4.2.4 本条主要对既有建筑功能与空间的现状进行评估。

随着经济发展和社会生活水平的提高,部分既有建筑受建造时技术、经济水平及功能需求的制约,可能存在建筑使用功能不完善或原有使用功能不适应当前需求的情况,因此在进行既有建筑绿色改造前,需要对建筑使用功能或功能空间分布等进行评估。同时充分利用地下空间是土地集约利用的有效途径,特别是在目前建设用地紧张、既有建筑普遍存在停车难等问题的背景下,在既有建筑绿色改造时对地下空间进行扩建或合理利用尤为重要。

评估方法:审阅竣工图纸设计说明,并进行现场勘查及现场检测。

1 查阅建筑总平面图、建筑平面图、立面图、剖面图等,了解既有建筑功能空间的设计情况,同时对既有建筑实际功能空间分布及利用现状进行现场查勘,全面掌握既有建筑功能布局实际信息。

2 对于已存在地下空间的建筑,应分析其利用效果;对于无地下空间的建筑,应通过查阅建筑竣工图纸、现场查勘,对既有建筑空间、结构条件等进行评估,论证增加地下空间的可行性。

4.2.5 本条主要对既有建筑外墙、屋面、外窗、外墙保温系统、玻璃幕墙等围护结构性能及安全性能进行评估。

围护结构的热工性能、外窗和玻璃幕墙的气密性能指标对于建筑能耗有很大的影响,上海居住建筑和公共建筑节能设计标准中均对这些指标提出了明确要求。既有建筑绿色改造评估时,应查清既有建筑围护结构目前的性能指标,并与现行相关节能标准进行对标,为绿色改造方案的确定提供依据。

评估方法:审阅竣工图纸设计说明,并进行现场勘查或现场检测。

1 外墙保温材料的导热系数应以施工现场见证取样检测报告为准;外墙的传热系数应考虑周边热桥和热反射涂料的作用,

平均传热系数应按现行国家标准《民用建筑热工设计规范》GB 50176 的规定计算；外墙外保温系统热工缺陷检测应采用红外热像法和敲击法，且采用红外热像法应全数检测，并应采用敲击法复核缺陷部位。

2 屋面保温材料的导热系数应以施工现场见证取样检测报告为准；屋面传热系数应按现行国家标准《民用建筑热工设计规范》GB 50176 的规定计算。

3 外窗、透明幕墙、采光屋顶的传热系数及气密性能应以施工现场见证取样检测报告为准，当存在异议或无检测报告时，外窗的传热系数依据外窗形式、窗框材料及构造、玻璃种类及构造计算；透明幕墙、采光屋顶的传热系数按现行行业标准《建筑门窗玻璃幕墙热工计算规程》JGJ/T 151 规定的计算方法计算；外窗、透明幕墙气密性能根据现场检测结果确定。现场查勘时，还应调查空调系统运行期间建筑开窗率情况。

4 地下室防水等级的划分及渗漏水检测方法应符合现行国家标准《地下防水工程质量验收规范》GB 50208 的规定；外墙防水检测可选用淋水法，室内地坪和楼板防水检测可选用蓄水法，屋顶防水检测以观察法为主；在雨后或持续淋水 2 h 后，观察是否渗漏。具备蓄水条件的檐沟、天沟应进行蓄水试验，蓄水时间不得少于 24 h。

5 应对外墙保温脱落状况、玻璃幕墙使用年限及光反射环境影响等进行调查评估。

4.2.6 本条规定了本市既有多层住宅建筑加装电梯的评估内容包括业主改造意愿、加装电梯后对建筑的影响等。

根据《关于进一步做好既有多层住宅加装电梯工作的若干意见》（沪建房管联〔2019〕749 号），对居民提出加装电梯意愿的小区，街道（镇）应当委托专业单位，对小区加装电梯的规划要求、建筑条件、消防安全、小区环境等进行可行性评估，初步明确该小区加装电梯整体设计要求。

评估方法:查阅建筑、结构竣工图纸;现场调研;软件模拟加装电梯后对建筑日照、自然通风环境的影响;房屋安全勘察等。

Ⅱ 结构与材料

4.2.7 本标准的既有建筑,均是指合法建造(即经过正规设计施工)的城镇既有建筑。对于未经正规设计施工,或存在明显设计及施工缺陷的既有建筑,必须经专业机构进行检测评估并采取必要的整治措施后方可进行改造。本标准中的安全性评估是指不涉及抗震安全和偶然荷载作用的结构安全性。大范围拆除重建,如仅保留外立面的结构改造等,已不属于既有建筑绿色改造范畴,应按现行设计标准进行安全性评估和抗震鉴定,本标准内不再另行规定。

2 是否需要做抗震鉴定,尚应符合相关管理部门的具体规定。

3 根据上海市工程建设规范《既有建筑抗震鉴定与加固规程》DGJ 08—81—2015(第 1.0.12 条)规定,因加层、扩建需要而进行的结构抗震加固设计应按现行上海市工程建设规范《建筑抗震设计规程》DGJ 08—9 的规定采取抗震措施和进行抗震承载力验算。因此,结构整体改造时,存在加层、插层或平面规模扩建,应按现行设计标准的要求进行抗震鉴定。

4 根据现行国家标准《民用建筑可靠性鉴定标准》GB 50292 附录 C~附录 E 中有关耐久年限的评估,一般民用建筑的耐久年限均可达到 60 年以上。

4.2.8 本条主要对既有建筑地基基础、主体结构、围护结构及附属构件的安全性进行评估。

既有建筑绿色改造,应在既有建筑结构安全性满足后续使用安全的前提下进行。依据现行国家标准《民用建筑可靠性鉴定标准》GB 50292 的规定,对既有建筑的结构安全性进行评估和鉴定。

评估方法:查阅工程地质勘查报告、竣工图纸、使用情况和修缮资料;进行现场检测、查勘;分析验算评估,出具结构安全性评估报告。

4.2.9 本条主要对既有建筑所处自然环境、工作环境及结构构件材料的耐久性进行评估。

依据现行国家标准《民用建筑可靠性鉴定标准》GB 50292 对既有建筑所处环境类别、环境条件和作用等级等进行现场查勘,或查阅相关的工程地质勘查报告。依据现行国家标准《既有混凝土结构耐久性评定标准》GB/T 51355 对既有建筑结构构件材料的耐久性进行检测和鉴定,如材料剩余价值、目前材料受到损伤的情况等。

评估方法:查阅工程地质勘查报告、设计图纸、竣工资料、检查观测记录、加固和改造资料、事故处理报告等,或对结构耐久性能进行现场检测和鉴定。

4.2.10 本条主要对既有建筑中老旧建筑材料的力学性能及回收利用价值等进行评估。

既有建筑绿色改造,应充分利用质量符合要求的旧材料,提高材料的循环使用价值。根据材料实际使用需求对回收利用材料的性能参数进行检测和评估,如混凝土抗压强度、砌筑砖强度、砌筑砂浆强度、钢材品质、木材强度等。

评估方法:查阅设计文件、材料性能检测报告;现场查勘建筑材料可回收利用性能,测算建筑材料节能环保价值。

Ⅲ 暖通空调

4.2.11 本条主要对既有建筑暖通空调设备设置情况、系统运行现状、节能运行措施、可再生能源利用情况等进行评估。

暖通空调系统作为建筑能耗的大户,是既有建筑绿色改造的重点,在进行改造评估时应对设备、系统的运行状态、能耗情况、可再生能源利用等进行摸底。特别是通过对暖通空调系统的燃料消耗量、耗电量、供冷量、供热量、补水量等分类、分项能耗的整理及能源资源利用效率的分析,挖掘既有建筑的节能潜力,为改造方案的确定提供数据支撑。

暖通空调系统的性能检测和评估方法应依据现行国家和地方标准,如现行行业标准《居住建筑节能检测标准》JGJ/T 132、《公共建筑节能检测标准》JGJ/T 177,现行上海市工程建设规范《居住建筑节能设计标准》DGJ 08—205、《公共建筑节能设计标准》DGJ 08—107等。

1 暖通空调设备和系统的基本信息评估内容包括:冷热源形式、输配系统形式、末端系统形式、系统划分形式、设备配置及系统调节控制方法、系统服务年限和使用特征等。评估方法包括:查阅暖通空调系统竣工图纸、设备材料表,现场查看和询问现场安装情况。

2 暖通空调设备和系统的运行现状评估内容包括:冷热源设备能效及运行状况、风机单位风量耗功率、循环水泵耗电输冷(热)比、冷却塔冷却效率、输送设备调节方式等。此外,为了便于掌握建筑系统需求,还宜对建筑运行记录、建筑现有业态、楼宇出租率、住户意见反馈等信息进行采集。评估方法包括:查阅暖通空调系统竣工图纸、设备产品合格证、设备运行记录、BIM文档、建筑运行记录等,现场核查设备铭牌参数,现场性能检测。

3 节能运行措施的评估内容包括:系统节能运行策略、能量回收装置设置、管道保温性能、分项计量设置、能耗管理系统、节能运行管理办法和管理人员配备等。评估方法包括:查阅供暖系统竣工图纸、分项计量竣工图纸、节能运行管理文件、能耗管理系统技术文件、调适报告等,现场核查和询问节能运行措施。

4 可再生能源利用情况的评估内容包括:地源热泵系统、太阳能供暖空调系统、地源热泵系统等基本信息和运行情况。评估方法包括:查阅可再生能源利用系统竣工图纸、设计说明和计算书、系统运行记录,现场核查设备名牌参数,现场性能检测。

4.2.12 本条主要对既有建筑室内环境进行评估。

室内热湿环境和空气品质对使用者舒适度和健康状况有重要影响,特别是室内污染物浓度越来越受到大家的关注和重视。

室内热湿环境的评估内容包括:室内空气温度、室内空气相对湿度、外围护结构内表面温度、建筑室内通风状况、住户室内温湿度的主观感受等。室内空气品质的评估内容包括室内 CO_2 浓度、室内污染物浓度、厨卫排放气体流通情况等。

评估方法:以现场调查和检测为主,辅助进行住户问卷调研。室内温湿度、室内风速的检测应按照现行国家标准《民用建筑室内热湿环境评价标准》GB/T 50785 进行;室内温湿度、新风量等参数应满足现行国家标准《民用建筑供暖通风与空气调节设计规范》GB 50736 的规定;室内 CO_2 浓度、PM_{10} 浓度、$PM_{2.5}$ 浓度等应按照现行国家标准《室内空气质量标准》GB/T 18883 进行检测和评估;甲醛浓度、苯浓度、氨浓度、总挥发性有机物 TVOC 浓度应按照现行国家标准《民用建筑工程室内环境污染控制规范》GB 50325 进行检测和评估。

Ⅳ 给水排水

4.2.13 本条主要对既有建筑给排水系统的设置情况、热水系统设置情况等进行评估。

既有建筑绿色改造前,应对给水排水系统设置的合理性、管道设置及管材选择、用水计量装置的设置、给水排水管网水质、集中热水供应系统设置情况、给水排水管道隔声减震设置等情况进行摸底调查,并进行必要的检测分析。

1 给水系统设置的合理性和安全性评估内容包括:供水方式、供水分区及市政水压利用现状;供水水质保障方式,包括市政直供水质和二次供水水质达标情况(与使用者日常生活密切相关的二次供水设施及管网供水末端的水质,其检测内容至少应包括色度、浊度、嗅味、肉眼可见物、pH 值、大肠杆菌、细菌总数、余氯等指标,取水点宜设在水池/箱出水口和管网供水末端出水口);水泵、水箱、管道装置等设施设置、运行情况;管材、管件使用情况和管网漏损情况;用水计量装置设置情况,包括是否按供水用途、管理单元或付费单元设置用水计量装置,用水计量装置的读数准确性。评估方法包括:查阅给水排水相关竣工图纸、产品说明书,进行水平衡测试,进行二次供水设施进出水水质检测,末端用水水质、污水水质检测,压力随机抽样检测,现场观察与询问。

2 集中热水供应系统设置的安全性和舒适性评估内容包括:热水供应系统形式、生活热水水质及运行状况,循环系统设置及管道保温情况;用水点处冷热供水压力平衡措施;设备能效等级达标情况;配水点出水水温达到设计要求的时间及恒温控制装置设置情况。评估方法包括:查阅给水排水相关竣工图纸,进行水压试验、生活热水有害菌等水质检测,现场观察与询问。

3 排水系统设置的合理性评估内容包括:排水方式,是否存在雨污合流、雨污混接现象;建筑内排水系统设置情况;污水排放水质达标情况(污水排放水质检测宜包括 pH 值、COD、BOD、氨氮、阴离子表面活性剂和色度等指标);排水地漏、排水管材及排水泵等排水设施的工作现状。评估方法包括:查阅给水排水相关竣工图纸,进行污水水质检测,现场观察与询问。

4 给排水管道隔声减振措施设置的合理性评估内容包括:原有设备隔振降噪设施设置情况;给水排水管道系统减振降噪措施使用情况等。评估方法包括:查阅给水排水相关竣工图纸,现场观察与询问。

5 太阳能热水系统运行合理性的评估内容包括:太阳能热水系统设置的基本信息以及运行情况。评估方法包括:查阅太阳能热水系统竣工图纸、设计说明和计算书,现场核查设备铭牌参数,用户满意度调查,现场性能检测。

4.2.14 本条主要对既有建筑用水器具与设备的设置及运行情况、绿色灌溉方式、空调冷却水补水等进行评估。

1 卫生器具的设置情况评估内容包括：卫生器具类型和数量、用水效率等级、节水器具使用比例等。评估方法包括：查阅给水排水相关竣工图纸、产品说明书或节能性能检测报告，现场观察与询问。

2 循环或加压水泵的设置及运行现状评估内容包括：循环或加压水泵能效等级、运行效率。评估方法包括：查阅给水排水设备表、产品说明书、水泵铭牌、检测水泵效率，现场观察与询问。

3 绿化灌溉的设置及运行现状评估内容包括：绿化灌溉用水来源、绿化灌溉方式，绿化灌溉设备及现状运行情况，绿化灌溉用水计量装置设置情况，绿化灌溉用水防污染措施应用情况，绿化灌溉运营控制方式。评估方法包括：查阅景观相关竣工图纸、绿化灌溉产品说明书，现场观察与询问。

4 空调冷却循环水系统的设置及运行现状评估内容包括：空调冷却水补水量、冷却塔蒸发耗水量、冷却水水质等。评估方法包括：查阅给水排水、暖通工程相关竣工图纸及计算书、运行记录、产品说明书、冷却水系统用水量计量报告、冷却水水质检测（如军团菌检测）报告，通过空调系统/冷水机组全年的冷凝热计算理论蒸发耗水量，现场观察、检查与询问冷却塔飘水情况、冷却水管道锈蚀老化情况。

4.2.15 本条主要对既有建筑非传统水源的利用及景观水体补水情况进行评估。

对于有非传统水源利用的既有建筑，应对其使用用途、利用率、水处理工艺、出水水质等情况进行调查以及必要的检测分析。

非传统水源用于景观用水时，水质测试应按现行国家标准《城市污水再生利用 景观环境用水水质》GB/T 18921 的要求进行；用于车辆清洗、绿化浇灌等杂用水时，水质测试应按现行国家标准《城市污水再生利用 城市杂用水水质》GB/T 18920 的要求进行。

1 非传统水源利用现状评估内容包括：是否采用非传统水

源、非传统水源用途、非传统水源利用率、非传统水源水处理工艺、非传统水源出水水质、非传统水源用水计量装置设置情况等。评估方法包括：查阅给水排水相关竣工图纸、当地相关主管部门的许可、非传统水源用水计量记录和统计报告、非传统水源水质检测报告，现场观察与询问。

2 景观水体补水系统运行现状的评估内容包括：补水水源、补水量、处理工艺、景观水水质等。评估方法包括：查阅给水排水、景观相关竣工图纸、景观水补水计量记录和统计报告、景观水水质检测（如军团菌检测）报告，现场观察与询问。

V 电 气

4.2.16 本条主要对既有建筑供配电系统布置情况、供配电设备、电能计量装置以及电能质量等进行评估。

供配电系统为建筑用电末端提供动力，其设置的合理性和运行状况直接影响了建筑用电水平。

供配电系统布置方式评估包括高、低压供配电系统的线路布置方式；供配电设备设置及其运行状况主要对其铭牌参数、能效等级及运行状况等进行摸底；电能质量评估包括电压偏差、三相电压不平衡度、功率因数、谐波电压及谐波电流等。

评估方法如下：

1）查阅电气竣工图纸，现场核查。

2）查阅电气竣工图纸及主要产品型式检验报告，现场核查设备铭牌参数及运行情况，明确设备能效等级及运行状态。

3）查阅电气竣工图纸，现场核查。

4）查阅电气竣工图纸，采用电能质量监测仪对三相电压不平衡度、功率因数、谐波电压及谐波电流、电压偏差等进行检测。

5）查阅供用电合同等。

6) 查阅太阳能光伏发电系统、风能发电系统竣工图纸、设计说明和计算书、系统运行记录,现场核查设备铭牌参数,现场性能检测。

7) 查阅充(换)电设施建设相关备案文件、用电报装手续文件等,现场核查充电设施所在区域和场地的通风、消防要求。

4.2.17 本条主要对既有建筑照明系统的照明灯具类型、控制方式、照明数量及质量、照明功率密度等进行评估。

照明系统的电耗在建筑总能耗中所占比例较大,特别是在居住建筑中,照明系统的改造是既有建筑绿色改造的重点工作之一。

针对照明灯具类型的选择情况,应评估其是否符合使用的场合,其照度、均匀度、显色指数、色温和眩光等参数是否符合现行国家标准《建筑照明设计标准》GB 50034 的要求。同时,照明功率密度作为照明节能的重要评价指标,应通过照明功率密度值检测报告或现场检测,判定其数值是否满足现行节能标准要求,为改造方案的确定提供数据支撑。

照明控制方式对照明系统能耗影响不可忽视,特别是公共区域的照明控制,单靠人为管理很难做到合理利用。因此,对照明系统进行声控、光控、红外感应控制等很有必要,改造前需核查建筑各区域中照明控制方式是否合理。

评估方法如下:

1) 查阅电气竣工图纸及照明灯具的产品说明书,明确灯具类型及效率,并现场核实。

2) 查阅电气竣工图纸及自控装置的产品型式检验报告,现场核查公共区域照明是否采用分区、分组及自动降低照度等自动控制措施。

3) 查阅电气竣工图纸及相关检测报告,现场检测,根据检测数据计算照度均匀度、显色指数和眩光。

4) 查阅电气竣工图纸、照明功率密度值检测报告,现场检测。

5）现场问询照明灯具无人或夜间开启状况等。

4.2.18 本条主要对既有建筑能耗计量系统、智能化系统及电梯智能化控制现状等进行评估。

能耗检测系统对建筑分类、分项能耗进行采集、传输和处理，并对用能系统进行监测与控制等。目前上海要求机关办公建筑和大型公共建筑安装能耗监测装置，并将数据上传至区、市级能耗监测平台。绿色改造前需对现有能耗计量系统进行分析，判断其是否满足改造目标的要求。

1 能耗监测系统评估内容包括：水、电、燃气、燃油、外供热源、外供冷源、可再生能源计量方式；用能监测系统实际运行现状等。评估方法包括：查阅能耗计量系统设计竣工图纸，现场查看与询问。

2 智能化系统评估内容包括：冷热源系统、供暖通风和空气调节、给水排水、供配电、照明、电梯等智能化控制方式；智能化系统实际运行现状，如空调系统处于手动还是自动状态，BA 系统是否发挥作用，重要点位是否有趋势图，阀门是否存在震荡等。评估方法包括：查阅智能化系统专项深化设计竣工图纸；根据现行国家标准《智能建筑设计标准》GB 50314 的相关内容核查智能化系统的配置情况，并现场核实。

3 信息化系统评估内容包括：信息化系统的覆盖范围，如公共服务、智能卡应用、物业管理、信息设施运行管理、信息安全管理、通用业务和专业业务等；信息化系统实际运行状况。评估方法包括：查阅电梯系统专项深化设计竣工图纸；现场核查是否采用电梯群控、扶梯感应启停及变频等自动控制措施。

4.3 改造策划

4.3.1 既有建筑绿色改造的方案策划，应基于前期的改造评估结果，结合业主的改造意愿和目标、经济投入、改造模式等进行综合设计。

4.3.2 项目改造策划阶段应确定项目定位和项目目标,结合项目实际情况,确定多种技术方案,通过技术经济分析及社会经济和环境效益分析、风险控制等,确定项目的最终改造方案。

4.3.3 若项目需要获得绿色建筑评价标识,则应按照现行国家标准《既有建筑绿色改造评价标准》GB/T 51141 的相关要求,确定规划与建筑、结构与材料、暖通空调、给水排水、电气等环节在绿色改造中需要达到的指标要求。

4.3.4 本条规定了既有建筑绿色改造技术方案应考虑的主要问题。

1 选择绿色改造技术方案时,在投入资金受限的情况下,优先解决涉及结构安全、人身健康等的问题。

2 对于国家明令禁止的淘汰设备和禁限材料应进行更换。

3 优先选用改造性价比高、能体现上海地域特色的技术,例如节能改造时,可通过综合调适增加用能系统和设备的能效,从而降低改造投入。

4~5 改造技术方案要考虑业主的需求和对周边环境的影响。

6 新建建筑相关设计标准对抗震、消防、日照和节能等有明确要求,既有建筑改造涉及到此类问题时,应考虑与现行设计标准的协调。

5 规划与建筑

5.1 一般规定

5.1.1 既有建筑改造应遵循国家及本市的规划原则,同时避免大拆重建,更好地传承城市历史文脉、促进绿色发展、留住居民乡愁记忆;改造既要有机融入城市更新的上位规划,也应尊重特定的历史价值与现实条件,从建筑功能、结构和风格等方面开展规划与设计。

5.1.2 进行改造的既有建筑场地与各类危险源的距离应满足相应危险源的安全防护距离等控制要求。对场地中不利地段和潜在危险源应采取必要的防护、控制、治理措施。对场地中存在的有毒有害物质应采取有效的防护与治理措施,进行无害化处理,确保达到相应的安全标准。

5.1.3 本条主要鼓励基于被动优先、主动优化的设计手法和技术措施,满足降低能耗、提高舒适度要求;减少机械设备的投入与使用,减少改造对周围环境的负面影响,同时节省造价。

使用被动技术前,应对该技术所涉及的环境进行充分的性能化分析。例如,运用遮阳技术时,宜对表面的热环境和采光环境进行性能分析;运用下沉式庭院改善采光时,宜对地下天然采光进行性能分析。

5.1.4 上海属于夏热冬冷气候区,夏季闷热、冬季湿冷,气温日较差小。夏热冬冷地区的建筑物必须满足夏季防热、通风降温要求,冬季应适当兼顾保温。

既有建筑改造方案设计阶段宜预先规划和统筹考虑建筑排

布形式与组合方式,改善外窗、遮阳设施、屋面、屋顶的形式和性能,具体可采用中庭热压通风、呼吸幕墙、设置可调节外遮阳、围护结构热工性能权衡计算及改造等方式。此外,建筑平面、立面设计和门窗的改造应有利于自然通风;多层住宅外窗宜采用平开窗;外门窗宜采用中空玻璃,窗框考虑断桥构造;围护结构的外表面宜采用浅色饰面材料;平屋顶宜采取绿化、涂刷隔热涂料等隔热措施。

5.2 规划与场地

5.2.1 场地综合交通设计首先应根据改造项目所处区域交通、自身性质、使用功能、规模等条件,按照本市有关建设项目交通影响评价的相关管理规定[《上海市建设项目交通影响评价管理规定》(沪交行规〔2017〕2号)]和技术标准(《建设项目交通影响评价标准》DG/TJ 08—2165—2015)评估其交通影响。

1 根据本市相关管理规定和技术标准,某些项目分类、规模和区位未达到交通影响评价的启动阈值,可不进行评价,此类情况属交通影响评价的特殊情况。

2 上海市工程建设规范《建筑工程交通设计及停车库(场)设置标准》DG/TJ 08—7是对场地交通进行设计的通用性设计标准,对特定建设项目的停车指标、出入口、通道等,交通影响评价及相关主管部门可能会提出与《建筑工程交通设计及停车库(场)设置标准》DG/TJ 08—7不同的要求。

3 优先发展公共交通是缓解城市交通拥堵问题的重要措施,公共交通也是节能环保低碳的绿色出行方式,因此既有建筑与公共交通联系的便捷程度很重要。在既有建筑绿色改造的场地规划中应重视建筑场地与公交站点的便捷联系,合理设置出入口,根据外部交通条件,合理调整既有人行出入口;还应保证通往公共交通站点的步行道和自行车道连续、安全、便捷顺畅。场地改造可以按照以下原则开展：

    1）路网改造。场地内车行流线应合理顺畅，人行路线应安全便捷。路网宽度不满足使用需求和消防车道要求的，可进行拓宽，并严格限制机动车的停放。如有需要，可增设人行道；有条件的，可进行人车分流，避免人车交叉，提高交通安全性。有条件的场地可设置自行车专用道，以方便自行车的使用，鼓励绿色出行。

    2）路面整修。路面残破的地方，应进行修整。机动车道可采用透水混凝土并满足消防和耐久性要求，人行道可采用透水铺装并尽量设置乔木遮阳。人行道的铺装材料宜选择浅色材料，以减少场地热岛效应。

5.2.2 本条对停车库（场）设计进行了规定。

    1 控制大量占用土地面积而交通效率低下的地面机动车停车，可为节能环保并有利健康的自行车停放提供便利，减少机动车的使用可显著缓解交通和城市基础设施的压力，绿色交通的环境效益巨大。机动车停车位数量可按照现行国家标准《城市居住区规划设计规范》GB 50180 及现行上海市工程建设规范《建筑工程交通设计及停车库（场）设置标准》DG/TJ 08—7 的有关要求执行。

    2~3 根据建筑功能需求，设置必要的临时停车、出租车、接驳车辆泊位，可有效缓解人员密集上下客对场地及周边区域的交通影响，减少车辆低速排队等候、绕行带来的能源消耗。出租车、接驳车等公共车辆的方便出行也能有效减少私家车的使用。

    5 网络化的停车信息引导、智能停车管理系统可显著减少车辆寻找停车位浪费的时间和能源，智能化的停车管理可提供精细化、市场化的管控手段，向不同人群错时提供停车位，大大提高停车空间使用效率。

    6 使用各种新技术的新能源汽车、电动自行车发展迅速，其规划设计应满足《上海市电动汽车充电设施建设管理暂行规定》

及现行上海市工程建设规范《电动汽车充电基础设施建设技术规范》DG/TJ 08—2093的相关要求。

5.2.3 环境噪声对人的工作生活有很大影响,既有建筑绿色改造应对场地内环境噪声进行控制,优化场地声环境。场地环境噪声限值建议参考现行国家标准《声环境质量标准》GB 3096中对同类声环境功能区的环境噪声等效声级限值的要求。无法满足限值要求时,应采取降低噪声干扰的措施。需要说明的是,噪声监测的现状值仅作为参考,尚需要考虑场地噪声的动态变化,并进行模拟测试。

机动车噪声、废气、振动等对居民住宅、学校、医院、疗养院、幼托等建筑物的影响比较敏感。既有建筑绿色改造应遵循本市发布的相关环境保护设计规程,在机动车停车库(场)车辆进出口、停车库进排风口周围采取绿化等隔离措施降噪吸声,合理选择排风口位置、朝向及高度,减少不利环境影响。降噪的合理手段有:合理划分功能区,采用声屏障、低噪声路面技术,通过乔木灌木等植物种植形成隔声带等。

根据现行国家标准《声环境质量标准》GB 3096,声环境按照功能区分为0—4类(见表1)。其中,0类声环境功能区指康复疗养等特别需要安静的区域;1类声环境功能区指以居民住宅、医疗卫生、文化教育、科研设计、行政办公为主要功能,需要保持安静的区域。为适应社会经济发展和人口老龄化的需求,1类声环境功能区中的适老性建筑,在昼间其环境噪声限制宜保持在50 dB以下。

表1　环境噪声限值　　　　　单位:dB(A)

时段 声环境功能区类别	昼间	夜间
0类	50	40
1类	55	45
2类	60	50

声环境功能区类别	时段	昼间	夜间
3 类		65	55
4 类	4a 类	70	55
	4b 类	70	60

5.2.4 照明能耗是建筑能耗的重要组成部分,既有建筑改造时应注重自然采光,减少昼间照明能耗。当自然采光不足时,可考虑通过采光井、导光管等措施增强自然采光。当自然光射入值过量时,可采取相关技术措施适当降低采光系数,避免眩光。

公共建筑改造若采用透光材料,其可见光透射比应符合现行国家标准《公共建筑节能设计标准》GB 50189 的规定。同时可采用计算机模拟的方式优化采光的平面布局,主要房间的采光系数可参考现行国家标准《建筑采光设计标准》GB 50033 的规定。

光污染包括建筑表面对太阳光直射反射产生的光污染和照明光污染。改造时,应通过减少玻璃幕墙使用、减小幕墙可见光反射比、避免使用聚光效果的凹面玻璃等措施减少太阳光反射直射产生的光污染,玻璃幕墙可见光反射比建议不大于 0.2。对于照明光污染,夜间照明应符合现行行业标准《城市夜景照明设计规范》JGJ/T 163 的规定。

5.2.5 在夏热冬冷地区,风环境影响着空间使用的人体舒适度。夏季与过渡季,通风能够帮助建筑散热、改善空气质量;冬季时,温和的风环境有利于室外活动空间使用。既有建筑绿色改造时,为提高自然通风利用潜力,一方面应考虑建筑内部的被动通风需求;另一方面应考虑四季场地中室外活动的舒适性。

风环境改造设计可通过计算流体动力学(CFD)模拟分析不同季节典型风向、风速下的场地风环境分布情况,从而形成整体通风策略、优化场地布置。场区风环境可利用微地形、种植乔木、设置构筑物等措施进行改善。

5.2.6 在夏热冬冷地区,夏季热岛效应严重影响室外行人的舒适度。既有建筑改造时应考虑建筑群热环境质量,采用合理措施调节场地微气候,降低或缓解热岛效应,可采用增加地面渗透面积比、绿地率、遮阳覆盖率等措施。在提升场地活动区域遮阳覆盖率时,可选用高大且遮阳的乔木、廊架等遮阳构筑物。

场区风环境也能够影响场地热岛效应,可通过微地形、种植乔木、设置构筑物、设置通风廊道等措施改善场区风环境,达到有效散热、缓解热岛效应的目的。

5.2.7 本条对场地绿化改造进行了规定。

1 既有建筑绿化景观改造时,应尽可能减少对原有生态环境的扰动,不破坏原有植被,尤其是大型乔木。当改造过程中确需破坏原有植被时,应进行修复和补偿,改造后的绿地面积和乔木数不应低于改造前。

2 小面积绿地宜整合成集中公共绿地,增强绿地的连续性有利于维护小动物的生态环境。空旷的活动休憩场地应以落叶乔木为主,保证夏有庇荫、冬有日照,新增的地面停车、活动场地等宜设置乔木或藤蔓植物构架式遮阳,室外场地如果有风环境问题,如冬季风速过大,夏季和过渡季人活动区有涡旋或无风区,可采取微地形、种植乔木、设置构筑物等降低风速或设置导风措施,以改善建筑室外风环境。

4 大面积的草坪不但维护费用昂贵,其生态效益也远远小于灌木、乔木。因此,合理搭配乔木、灌木和草坪,以乔木为主,能够提高绿地的空间利用率、增加绿量,使有限的绿地发挥更大的生态效益和景观效益。

5.2.8 本条对绿色雨水基础设施改造进行了规定。

1 开发利用地面空间设置绿色雨水基础设施,应进行整体规划布局。适用于建筑与小区的绿色雨水基础设施有透水铺装、雨水花园、下凹式绿地、植草沟、绿色屋顶、雨水罐、蓄水池等。屋面雨水宜采用断接方式改造,合理衔接和引导屋面雨水、道路雨水进入地面生态设施;道路雨水径流宜引入地面生态设施,保证雨水排放和滞蓄过程中有良好的衔接关系。当条件允许时,宜考虑雨水综合利用及排放措施,宜增加调蓄措施、植草沟或入渗沟,改造公共空间的广场、道路绿化为下凹式绿地或雨水花园。当改造场地位于海绵城市试点改造区内时,改造后应满足《上海市海绵城市建设技术导则(试行)》相应指标的要求。

2 目前上海市各区已编制海绵城市专项规划,规划中对不同用地的新建和改建项目的年径流总量控制率和年径流污染控制率均提出明确要求,既有建筑改造项目应满足相应的规划指标要求。

5.2.9 国务院 2017 年出台了《生活垃圾分类制度实施方案》,明确上海等城市要向国际水平看齐,在 2020 年底前,先行实施生活垃圾强制分类,为全国作出表率。根据 2019 年 7 月 1 日起施行的《上海市生活垃圾管理条例》,本市生活垃圾分为可回收物、有害垃圾、湿垃圾、干垃圾,改造应按该条例配置生活垃圾分类收集的相关设施。

5.2.10 场地内人行通道及无障碍设施是满足场地功能需求的重要组成部分。因此,场地内新增或原有的无障碍设施应符合现行国家标准《无障碍设计规范》GB 50763 的规定,并且场地内外的人行设施应无障碍联通。人行通道、绿地、停车场、建筑出入口不满足无障碍要求的,宜进行改造,增设坡道、扶手等设施。

5.2.11 本条规定了场地改造时实现以人为本原则的具体措施:

1 根据《上海市绿道建设导则》的要求,规划设计宜结合实际条件将场地改造纳入城市绿道的规划建设系统,主要依托绿带、林带、水道河网、景观道路、林荫道等自然和人工廊道,建设具有生态保护、健康休闲和资源利用等功能的绿色线性空间。绿道串联各类郊野公园、森林公园、湿地公园、绿地林地、林荫片区等绿色空间以及历史景点、传统村落、特色街区等人文节点,通过绿廊系统、慢行系统、标识系统、配套服务设施系统建设,做到生态优先、安全规范、舒适便捷、低碳节约。

2 合理设置室外交流与运动场地,可以满足人们沟通与休闲需求,活跃社区文化生活,提升社区和谐关系。设置要求可参照《城市社区体育设施建设用地指标》(建标〔2005〕156号)、《城市居住区规划设计规范》GB 50180、《健康建筑评价标准》T/ASC 02等相关标准。

有条件的,可增设运动健身场地,场地内配置适宜的中等强度的健身器材,还可设置直饮水设施。鼓励建筑场地根据其自身条件和特点,规划出流畅且连贯的健身步道,并铺装环保弹性减振材料,优化沿途人工景观,合理布置配套设施,在建筑场地中营造一个便捷的运动环境。步道路面及周边宜设有里程标识、健身指南标识和其他健身设施(如拉伸器材),步道旁宜设置休息座椅,种植行道树遮阴。

儿童游乐区应设置丰富的娱乐设施,有监护人使用的座椅,设置小型洗手池或小型的公共卫生间,为孩子在玩耍过后提供及时清洁的机会。室外活动场地应有相对充足的座椅,座椅上宜设置遮风、避雨、遮阳设施,如乔木、亭子、廊子、花架、雨棚等,以提高活动场地的舒适度和利用率。

3 资源共享、提高使用效率是绿色建筑的基本理念。会议设施、展览设施、健身设施、公共交往空间、休息空间、公共厕所以及学校建筑的文化、体育运动设施等均为公共空间或公共设施,在改造规划设计时宜为今后可对社会开放使用做好交通流线设计,考虑对社会开放使用。

4 方便各类人群使用的标识系统是显著提高用户友好感受的有效途径,清晰明了的标识可引导使用者安全、舒适、高效地利用建筑及其附属设施,减少无谓的交通量。

5 规划设计包括地面材料、扶手、标识、墙面、家具等,要充分考虑老年人的身体机能及行动特点,让老年人的生活和出行更加便利、安全。老年人经常活动和使用的区域,地面应采用防滑铺装,以提高安全性;在容易带来不便的通道高差处,应设有坡道或缓坡,以保证老年人顺利通行。引导标识系统应采用大字标识,如建筑门牌编号、路线指示、安全提示等,方便老年人识别。

6 针对特定功能的改造项目,考虑第三卫生间、家庭卫生间、哺乳室等多元化、人性化的设施配置,体现人文关怀和以人为本的规划设计原则。

5.3 建筑单体

5.3.1 本条对既有建筑绿色改造的自然通风与自然采光进行了规定。

1 自然通风是有效的被动降温技术措施之一,在进行建筑绿色改造时,宜采用下列措施增强自然通风:

  1) 建筑主立面与主导风向夹角宜大于45°。

  2) 住宅的平面布局和通风组织合理,厨卫房间应为排风口,其他房间为进风口。

  3) 公共建筑外墙通风口面积不宜大于或等于外墙面积的10%。

  4) 采用拔风井,尽量利用热压通风。

  5) 采用单侧通风时,应充分利用导风装置。

  6) 必要时,可采取CFD模拟的方式优化平面布局。

2 改造后建筑内主要功能房间的采光标准值应满足现行国家标准《建筑采光设计标准》GB 50033 的规定,可采用下列措施改善建筑室内自然采光:

  1) 大进深空间设置中庭、采光天井、屋顶天窗等。

  2) 外窗设置反光板、散光板、光导设施,将室外光线反射到进深较大的室内空间。

  3) 控制建筑室内表面装修材料的反射比,顶棚面0.6~0.9,墙面0.3~0.8,地面0.1~0.5。

3 地下空间的自然通风,可提高地下空间品质,节省通风设备;地下空间充分利用自然采光可节省白天人工照明能耗,创造健康的光环境。可在地下室设计下沉式庭院,或使用窗井、采光天窗进行自然采光,同时应注意设计好排水、防漏等。

5.3.2 本条对既有建筑绿色改造的声环境进行了规定。

1~3 改造后建筑室内的允许噪声级、围护结构的空气声隔声性能及楼板撞击声隔声性能应符合现行国家标准《民用建筑隔声设计规范》GB/T 50118 的低限要求。

4 改造后新增的设备设施所产生的环境噪声应符合现行国家标准《声环境质量标准》GB 3096 的规定。

5.3.3 本条对既有建筑功能改造的功能置换和功能提升进行了规定。

1 功能置换类改造应满足特定的使用需求,并宜依托既有建筑的原有结构、空间或材料等要素,创造特色空间、多样化灵活的使用形式和个性化的建筑样式。其中,历史建筑功能置换后的功能使用不得破坏其保护要素及历史文化环境;改造为老年设施的,应满足国家和上海地区相关的政策和规范要求;工业建筑的功能置换应符合现行上海市工程建设规范《既有工业建筑民用化改造绿色技术规程》DG/TJ 08—2210 的规定。

2 功能提升应在建筑结构允许的前提下合理优化,当功能提升不满足结构安全性要求时,应预先对结构进行加固。交通组织不应相互穿插,影响各功能空间的使用;住宅建筑改造时,使用功能不足且既有建筑面积不能通过向外拓展增加时,可考虑置换或增加主要功能房间,如次卧等。住宅建筑功能提升与改造应符合现行行业标准《既有住宅建筑功能改造技术规范》JGJ/T 390 的规定。

5.3.4 本条对既有建筑空间改造进行了规定。

1 高层建筑改造时,可根据需要改变交通核心,如由集中型改为分散型,改变电梯和楼梯的位置和数量。同时,在交通组织困难时,可借用中庭空间,通过增加连廊,梳理各区域间的交通流线。

2 建筑内部空间使用率及使用面积改善主要分为地下空间改造、夹层及屋顶下部空间改造、室外及半室外空间改造。其中涉及增设建筑面积的,需要征得规划部门及其他有关管理部门许可。

既有地下空间应提高空间使用率,充分利用原有地下空间仓库、改造后无用或过大的设备机房等空间。新增的地下空间宜优先选择在既有建筑投影面积外的独立用地;新增地下空间前,要进行地基基础和建筑结构安全评估;根据评估结果,结合使用需求、工程地质条件和目前的成熟技术,综合设计地下空间。建筑外部空间不足且既有结构不允许的情况下,可根据现行行业标准《建筑地基基础加固技术规范》JGJ 123 的规定,对既有建筑地基基础进行加固后新增地下空间。

在规划部门许可的前提下,宜充分利用坡屋顶下部空间或净高较高的空间增设夹层,其中坡屋顶下部空间可根据功能使用高度充分利用。

在不影响周围建筑使用,满足结构、日照、消防和交通等要求并征得规划部门的允许后,可对既有建筑进行局部加建或局部拆除,形成可提供遮阳、导风功能的室外、半室外空间。同时,可通过地面装修、增加绿化和休憩座椅等简单处理,建造屋顶花园、屋顶休憩平台、共享空间、(半)露天办公空间或露天舞台。

3 本款共享空间是指在建筑架空层、中间层或顶层为市民免费提供的,供停留、交流、休憩的场所。包括养老住宅的老年人公共活动区;商业建筑中的男士关爱区、公共休憩区;办公建筑的公共下午茶室等。办公类建筑内设置共享空间的,应注重噪声控制,不得影响办公功能。根据上海建设"儿童友好型城市"的规划目标要求,在既有建筑改造时,宜为儿童提供建筑群体或建筑单体尺度的儿童友好型空间,如在居民楼、商场和办公楼设置儿童公共活动区、母婴室等。

5.3.5 结合经济条件、建筑老旧程度、建筑所处区域等因素,本标准根据改造程度,将既有建筑立面更新改造划分为立面序化改造、玻璃幕墙及玻璃采光顶改造两种类型。

1 建筑立面序化改造主要涉及墙体和门窗构件、晾衣设施治理等。粉刷材料要经济环保,色彩应与城市风貌相协调。门窗改造要结合上海夏热冬冷的气候特征,有利于天然采光、自然通风等。应使用节能空调、智能遮光设施等。在满足安全的前提下,提倡在墙体、阳台、屋顶等增加绿化,提高美观性的同时改善城市生态环境。

2~3 立面改造材料及构件的安全性应在立面改造设计中重点考虑,材料应符合国家和本市有关要求,同时应注意安装过程中受力不均、气温变化等影响因素。特别是厚玻璃纤维增强水泥(GRC)材料,可参考国家住建部发布图集《全国民用建筑工程设计技术措施建筑产品选用技术(建筑·装修)》2009JSCS—CP1 中第7.6节"玻璃纤维增强水泥装饰挂板(GRC 板)"的相关技术标准执行。

4 幕墙及玻璃采光顶改造时应按照现行行业标准《玻璃幕墙工程技术规范》JGJ 102、现行上海市工程建设规范《上海市建筑幕墙工程技术规范》DGJ 08—56 等规范先进行结构验算,满足安全性要求。同时,根据《住房城乡建设部 国家安全监管总局关于进一步加强玻璃幕墙安全防护工作的通知》(建标〔2015〕38号),党政关办公楼、医院门诊急诊楼和病房楼、中小学校、托儿所、幼儿园、老年建筑,不得在二层及以上采用玻璃幕墙。人员密集、流动性大的商业中心,交通枢纽,公共文化体育设施等场所,临近道路、广场及下部为出入口、人员通道的建筑,严禁采用全隐框玻璃幕墙。以上建筑在二层及以上安装玻璃幕墙的,应在幕墙下方周边区域合理设置绿化带或裙房等缓冲区域,也可采用挑檐、防冲击雨篷等防护设施。

5.3.6 国家和本市对既有建筑绿色改造项目充分利用立体空间改善生态环境,作了有力的政策支持。如《屋顶绿化技术规范》(沪绿容〔2015〕330号)规定:改建、扩建中心城区内既有公共建筑的,应当对高度不超过五十米的平屋顶实施绿化,实施屋顶绿化的面积不得低于建筑占地面积的30%。除公共建筑外的其他既有建筑绿色改造项目,其建筑为平屋顶的,鼓励实施多种形式的屋顶绿化和立面垂直绿化。

建筑立体绿化设置应符合现行行业标准《种植屋面工程技术规程》JGJ 155和现行上海市工程建设规范《立体绿化技术规程》DG/TJ 08—75的规定,并应注重后期维护的便利性,如屋面绿化应有楼梯通达、设置自动灌溉系统的应同步设置人工灌溉水源等。

1 根据实践经验,垂直绿化中藤蔓植物竖向攀爬是一种低维护成本的种植方式,攀爬架可与墙面留出0.4 m左右间距作为通风间层。垂直绿化与建筑外墙之间宜留出通风间层以利于夏季隔热。

2 有利于蓄水的屋面绿化构造一般有两种:一是在土壤下部设置蓄水层;二是适当加大土壤厚度,试验表明25 cm厚的土壤可基本吸收24 h内的中雨降雨量。

大面积工业厂房屋面等大面积屋面绿化,可每隔3 m~6 m采用挡土板阻隔土壤,防止土壤沿屋面找坡方向大面积下滑。

5.3.7 既有建筑适老性改造应符合现行国家标准《老年人住宅建筑设计规范》GB 50340和现行行业标准《既有住宅建筑功能改造技术规范》JGJ/T 390的规定。

1 既有建筑适老性改造时,要梳理内部功能布局并实现动静分区。可通过增加墙体厚度、更换门窗等措施提高隔声效果,增加墙体外保温层等措施提高保暖性能。使用智能遮阳设施改善通风和采光等问题,适当增加南向窗户或扩大窗户面积来增加室内日照面积,并尽可能地实现天然采光和自然通风。室内色彩要符合老年人的心理需求,色彩宜采用古朴、柔和、淡雅类颜色;

房间光线不足时,可通过增加绿植来提亮空间色彩感。

建筑适老性改造宜考虑不同年龄段的老年人的身体机能及心理需求,自理型、半自理型和完全不能自理型三种类型老人对老年设施和老年居住空间的需求和需求配比不同。

考虑到老人容易产生孤独感、年轻子女的孩子无人照顾以及人性社会背景下对孤儿的关怀等因素,老年社区宜与幼儿园或孤儿院比邻。老年社区宜增加儿童设施,如儿童托儿所、儿童游乐设施等,老年公寓宜增加儿童活动空间。

2 建筑设施设备尺寸和布局应符合使用者身体机能和使用习惯。卫生间应增加防滑设施、扶手和紧急救助呼叫系统,室内宜安装自动感应灯、自动报警装置等,室内空间及设施棱角处宜做安全化处理,标识系统宜用大字标识。

3 无障碍改造应满足现行国家标准《老年人居住建筑设计规范》GB 50340 的规定。无电梯的建筑应利用既有空间或拓展空间加装电梯;电梯宜采用无障碍电梯或可容纳担架的电梯。无法加装电梯的,楼梯应做适老化改造,如增加楼梯升降平台、适老扶手及标识等;楼梯改造应满足现行国家标准《无障碍设计规范》GB 50763 中关于无障碍楼梯的规定。室内走道的无障碍设计应满足现行国家标准《老年人居住建筑设计规范》GB 50340 中关于走廊的规定。

5.3.8 本条对既有建筑加装电梯进行了规定。

1 本市对既有多层住宅加装电梯出台了《上海市既有多层住宅加装电梯设计导则(试行)》、《关于进一步做好既有多层住宅加装电梯工作的若干意见》(沪建房管联〔2019〕749 号)等管理规定,具体实施时应按照相关文件要求执行。

2 当电梯控制面板的温度高于一定值时(一般为 40°或以上),电梯会进入热保护状态而中止工作。为防止该现象发生,井道顶部的外围护结构应具备较好的隔热性能,一般不宜采用玻璃等透明材料。

3 为使设置在建筑外部的电梯井道具备自然通风功能,须在井道上、下部位分别设置通风口以形成对流,可采取的技术措施为:井道底部设置面积不小于 0.6 m² 通风百叶;井道上部设置面积不小于 0.6 m² 通风百叶或在井道屋顶设置无动力通风帽。井道通风口过大,与外部环境隔离不够时,井道内机械部件会积尘严重,造成运转问题。

5.3.9 既有建筑空间改造时,宜与室内装修同步设计,统筹建筑、结构、给水排水、暖通、电气等专业,共同完成从方案到施工图的工作,使土建与室内装修无缝对接,减少设计的反复和材料的浪费,缩短项目周期。改造成公共建筑或办公建筑时,由于该类建筑的使用具有灵活性和多样性,大空间的隔断应利于拆卸并不能损害建筑结构,宜采用轻质、可拆卸或可循环利用的工业化预制和加工的隔断(墙)。

5.3.10 上海属于太阳能资源三级地区,即资源一般的地区,宜结合建筑实际情况确定是否利用太阳能。其主要利用形式有太阳能生活热水系统、太阳能光伏发电系统、太阳能供暖系统、太阳能制冷系统等。增设或改造的太阳能工程系统,其设计、施工、安装、验收与运行维护应符合现行国家标准《民用建筑太阳能热水系统应用技术规范》GB 50364、《太阳能供热采暖工程技术规范》GB 50495、《民用建筑太阳能空调工程技术规范》GB 50787、现行行业标准《民用建筑太阳能光伏系统应用技术规范》JGJ 203 和现行上海市工程建设规范《太阳能热水系统应用技术规程》DG/TJ 08—2004A、《民用建筑太阳能应用技术规程》DG/TJ 08—2004B 等的规定。

太阳能建筑一体化一般需要结合建筑方案设计,对于既有建筑改造难度较大,在改造设计中既要考虑建筑功能、场地条件、周边环境,又要结合地理条件、气候条件、日照条件等因素来确定和设计太阳能集热器、光伏面板的朝向、与建筑间夹角及建筑形体组合,最大限度满足太阳能系统设计和安装的技术要求。同时,还要结合建筑功能及用户的特点,综合考虑方案技术可行性。

5.4 围护结构

5.4.2 间歇性供暖或制冷建筑采用内保温系统,可在一定程度上减少因墙体蓄热产生的热损耗。采用内保温系统应同时进行建筑热工校核计算,对冬季工况下的内表面温度及结露情况进行判定,避免墙体内表面结露发生。

5.4.3 建筑外墙保温系统所选用的材料应充分考虑材料的耐久性。保温材料的吸水率是决定保温材料耐久性的一个重要技术指标,材料吸水率大将导致保温性能失效甚至因自重引起安全隐患。将保温层置于墙体中部的夹心保温复合墙体或构造做法,最大限度延长了保温材料耐久性,且具有不影响墙体表面装饰装修的优点。

5.4.4 对建筑屋面进行节能改造时,宜采用浅色饰面材料,并应根据新的构造层设计进行结构验算,确保荷载安全,其中保温材料应按吸水饱和后的容重考虑。

5.4.5 本条对既有建筑门窗改造进行了规定。

1 整窗替换时应保证外窗一定的可开启面积比例。上海地区的气候特征和居民生活习惯,决定了建筑对自然通风的需求,而保证外窗可开启面积比例,是提升室内自然通风效果的重要措施。

2 外窗气密性是影响采暖空调能耗的因素之一,本条提出外窗气密性达到 6 级,与现行建筑节能设计标准要求相一致。

3 在夏热冬冷地区,遮阳装置有利于夏季外窗隔热,但对冬季采光不利,活动遮阳装置则可同时满足不同季节的建筑热工需要。外遮阳的控制系统选择应考虑室外容易产生锈蚀和尘埃污染,选择足够大的力矩,并应充分考虑控制的同步。

6 材　料

6.1　一般规定

6.1.1　本条对既有建筑绿色改造用材料进行了规定。

　　1　既有建筑绿色改造用材料应充分考虑改造工程的特点，并结合绿色化（节能、减排、安全、便利和高性能）的需求，提高建筑的使用功能、安全性和绿色度。材料的放射性应符合现行国家标准《建筑材料放射性核素限量》GB 6566 的规定。

　　2　建筑材料的循环利用是建筑节材与材料资源利用的重要内容。建筑中采用可循环和可再利用建筑材料，可以减少生产加工新材料带来的资源、能源消耗和环境污染，具有良好的经济、社会和环境效益。

　　3　既有建筑绿色改造用材料应兼顾经济性要求，材料选择尽量本地化。

6.1.2　既有建筑绿色改造用材料应重点考虑耐久性要求，耐久性能包括干燥收缩、抗冻融、抗干湿、抗软化、抗碳化和抗老化等，耐久性能应符合国家、行业及本市现行相关标准的规定。

6.1.3　根据现行上海市工程建设规范《民用建筑外保温材料防火技术标准》DGJ 08—2164 的规定，既有民用建筑节能改造工程采用的外墙和屋面保温材料的燃烧性能必须为 A 级。既有建筑绿色改造用材料应首先满足功能性的需求，系统节能性原则上不低于原标准要求，鼓励满足或高于国家、行业及地方现行标准的有关规定。

6.1.4　本条规定了既有建筑绿色改造采用特殊材料、新材料及新工艺时应进行适配试验。

1 结构加固工程选用有特殊要求的混凝土,如自密实混凝土、聚合物混凝土、减缩混凝土、微膨胀混凝土、钢纤维混凝土、再生混凝土、合成纤维混凝土、喷射混凝土时,由于外加剂选择的特殊性,应要求厂商在施工前进行适配测试,检验外加剂能否起到特殊效果,经检验合格后方可应用,确保加固结构的安全。

2 对符合安全性要求的纤维织物复合材或纤维复合板材,当与其他结构胶粘剂配套使用时,应对其抗拉强度标准值、纤维复合材与混凝土正拉粘结强度和层间剪切强度重新做适配性检验。其原因在于,一种纤维与一种胶粘剂的配伍通过了安全性及适配性的检验,并不等于它与其他胶粘剂的配伍也具有同等的安全性及适配性,因此必须重新检验,但检验项目可适当减少。

6.2 结构改造材料

6.2.1 本条对结构加固用混凝土材料进行了规定。

1 为保证新旧混凝土界面以及新浇筑混凝土与新加钢筋或其他加固材料之间有足够的粘结强度,并避免小体积浇筑混凝土均匀性较差导致混凝土强度降低,有必要适当提高其强度等级。

2 质量较差、烧失量过大的粉煤灰掺入混凝土后,其收缩率可能达到难以与原构件混凝土相适应的程度,从而影响结构加固的质量。

6.2.2 结构加固用钢材主要包括钢筋混凝土用钢筋(含无粘结预应力钢绞线),结构加固用钢板、型钢、扁钢和钢管,后锚固件如植筋用钢筋、钢螺杆、钢锚栓及焊接钢焊条等,其性能应符合现行国家标准的相关要求。

6.2.3 本条对结构加固用纤维材料进行了规定。

1 承重结构改造用纤维材料的品种和质量要求属于现行国家标准《混凝土结构加固设计规范》GB 50367 中强制性条文,应严格执行。预浸料由于储存期短,且要求低温冷藏,在现场施工条件下很难做到,常常因此而导致预浸料提前变质、硬化;若勉强利用,将严重影响工程安全及质量,因此严禁使用预浸法生产的纤维织物。

2 为保证加固结构的质量,玻璃纤维应选用高强度玻璃纤维及无碱玻璃纤维。A 玻璃纤维和 C 玻璃纤维,由于其含碱量(K、Na)高、强度低,尤其是在潮湿状态环境中强度下降更为严重,因此严禁在结构加固中使用。

3 纤维复合材应重点考虑其抗拉性能,抗拉强度标准值的取值要求属于现行国家标准《混凝土结构加固设计规范》GB 50367 中强制性条文,应严格执行。

6.2.4 混凝土等结构加固用胶粘剂在行业中习惯称作结构胶。经过数十年的工程实践,如今国际上已公认,专门研制的改性环氧树脂胶为加固混凝土结构的首选胶粘剂,尤其对粘结纤维复合材和钢材而言,不论抗剥离性能、耐环境作用性能、耐应力长期作用性能,还是抗冲击、抗疲劳性能,都是其他品种胶粘剂所无法比拟的。不饱和聚酯树脂及醇酸树脂,由于其耐潮湿、耐水和耐老化性能极差,因而不允许作为承重结构加固的胶粘剂。

6.2.5 本条规定了结构改造时常用的墙体材料类型。

3 《上海市禁止或者限制生产和使用的用于建设工程的材料目录(第四批)》提出:烧结粘土制品类墙体材料禁止在新建、改建、扩建的建筑工程(文物保护建筑、优秀历史建筑、保留建筑的修缮工程除外)中使用。

6.2.6 本条对结构改造用砂浆进行了规定。

1～2 普通砂浆、修补砂浆是常用的普通产品,按照标准要求控制其质量即可。

3 裂缝注浆料的改性产品主要包括改性环氧类产品及改性水泥基产品,其安全性应满足现行国家标准《工程结构加固材料安全性鉴定技术规范》GB 50728 的要求。

4～5 目前市场上聚合物乳液的品种很多,但绝大多数都不能用于配制承重结构加固用的聚合物改性水泥砂浆。聚合物改性水泥砂浆中采用的聚合物材料,应有成功的工程应用经验(如改性环氧、改性丙烯酸酯、丁苯、氯丁等),不得使用耐水性差的水溶性聚合物(如聚乙烯醇等),禁止采用可能加速钢筋锈蚀的氯偏乳液、显著影响耐久性能的苯丙乳液等以及对人体健康有危害的其他聚合物。

6.2.7 结构改造用木材或木产品的含水率应严格控制,过高或过低都会影响木材质量的稳定,产生变形、开裂等问题。还应根据设计需要进行防腐、防虫和防火处理。

6.2.8 结构改造用其他加固材料如钢丝绳、满足特殊性能要求的混凝土及砂浆、后锚固连接件等应符合现行国家标准《混凝土结构加固设计规范》GB 50367 及《工程结构加固材料安全性鉴定技术规范》GB 50728 的规定。

6.3　墙体节能系统改造材料

6.3.1 本条对墙体节能系统置换改造用材料性能进行了规定。

既有建筑墙体节能系统置换改造是指依据外保温系统检查、评估结果,将墙体的外保温系统或防护层全部清除、整体置换的活动。置换改造用材料与新建建筑略有区别,主要体现在界面处理和保温系统材料选用上。

由于墙体节能系统改造时表面的浮灰、基层平整度程度等施工条件较新建工程的更差,界面处理要求相比新建工程应略有提高。修复用界面处理剂包括干粉类和液体类,不管用于混凝土基体还是加气混凝土基材,都应满足相关标准的要求。

6.3.2 本条对墙体节能系统薄层原位修复用材料性能进行了规定。

墙体节能系统改造的整体薄层原位修复是指不铲除或极少

量铲除原系统,对损坏的部位采取加钉锚固、注浆措施,整体加网覆盖饰面翻新施工,恢复原保温系统功能的活动。

空鼓部位注浆胶的性能应符合现行上海市工程建设规范《外墙外保温系统修复技术标准》DG/TJ 08—2310 的规定。钻孔注浆是采用无尘无扰动钻孔工具在空鼓墙面钻孔至空鼓层,将改性聚合物注浆胶直接注入孔中,用于增强空鼓部位粘结力的工法。Ⅱ型聚合物注浆胶用于点框式粘贴的外保温系统的空鼓部位钻孔注浆,Ⅰ型聚合物注浆胶用于其他外保温系统的空鼓部位钻孔注浆。

现行上海市工程建设规范《外墙外保温系统修复技术标准》DG/TJ 08—2310 中的专用锚栓注浆胶、软质注浆胶主要用于耐久性要求高、有变形可能的部位注浆。Ⅰ型、Ⅱ型注浆胶用于钻孔注浆,Ⅱ型、Ⅲ型注浆胶用于钉锚注浆和钉锚植筋。钉锚注浆是采用无尘无扰动钻孔工具在需加固的墙面钻孔,安装空心的锚栓,再将锚栓加强胶低压注入空心锚栓中,增强锚栓与墙面拉拔力的工法;钉锚植筋是采用无尘无扰动钻孔工具在需加固的墙面钻孔,将锚栓加强胶直接注入孔中,再安装实心锚栓,增强锚栓与墙面拉拔力的工法。

薄层原位修复用复合层主要有毡胶复合层、透明网胶复合层、透明胶复合层。毡胶复合层是由抗裂毡、毡胶经施工复合而成的防水、抗裂系统,可用于涂料饰面的外保温系统修复。透明网胶复合层由透明界面剂、柔韧抗裂网、透明网胶经施工复合而成的防水、抗裂系统,可用于瓷砖饰面的外保温系统修复;透明胶复合层是由透明界面剂、透明网胶经施工复合而成的防水、抗裂系统,可用于瓷砖饰面的外保温系统修复。

6.3.3 本条对墙体节能系统厚层原位修复用材料性能进行了规定。

墙体节能系统改造的整体厚层原位修复是指不铲除或极少量铲除原系统,整体将隔热膨胀螺栓与复合热镀锌钢丝网通过紧固件组合成支撑受力构件,并用普通抗裂干混砂浆覆盖,恢复原保温系统功能的活动。

修复用复合热镀锌电焊钢丝网的性能应符合现行上海市工程建设规范《外墙外保温系统修复技术标准》DG/TJ 08—2310 的规定。隔热膨胀螺栓由金属螺杆与金属膨胀管、导热系数小的高强度高分子复合材料螺套组成,是一种具有稳定装置、植入紧固前后螺栓长度不变,且具承重、抗拔、抗剪等功能的锚固、支承受力构件,其性能应符合现行上海市工程建设规范《外墙外保温系统修复技术标准》DG/TJ 08—2310 的规定。

为保证修复锚栓的密闭性,应对隔热膨胀锚栓进行封堵,封堵时应采用具有高粘结能力的粘结砂浆。覆盖钢丝网的砂浆应采用普通抗裂抹灰砂浆,可采用机喷施工或人工涂抹施工工艺,在施工前应做界面处理。

6.3.4 墙体节能系统改造用其他修复材料还包括涂料、防水材料等,应符合国家现行标准规定。

6.4 屋面改造材料

6.4.1~6.4.4 屋面改造工程根据屋面的类型进行选材,材料符合产品标准的同时,还应符合相关屋面工程技术标准中对材料的技术要求。只有满足这些技术要求,才可以在屋面工程中使用。

卷材、涂料、密封材料在各种不同类型的屋面、不同的工作条件、不同的使用环境中,由于气候温差变化、阳光紫外线辐射、酸雨侵蚀、结构变形、人为破坏等,都会造成防水材料不同程度的损伤。在进行屋面工程设计时,应根据建筑物的建筑造型、使用功能、环境条件选择与其相适应的防水材料,以确保屋面防水工程的质量。

从发展趋势看,由于绿色环保及美化环境的要求,采用种植隔热方式将胜于架空隔热和蓄水隔热。种植隔热屋面的防水层应采用耐根穿刺防水卷材,其性能指标应符合现行行业标准《种植屋面用耐根穿刺防水卷材》JC/T 1075 的技术要求。

单层防水设防是指具有单独防水能力的一道防水层。现行行业标准《单层防水卷材屋面工程技术规程》JGJ/T 316 对单层防水卷材提出了明确规定。

6.4.5 防水涂料中可能含有 VOC、甲醛、苯系物、可溶性重金属等有害物质,对人体和环境有害。目前国家和地方多项政策均鼓励低有害物质含量涂料的发展,故本条规定防水涂料应符合现行行业标准《建筑防水涂料中有害物质限量》JC 1066 中最高等级 A 级的规定。

6.4.6 除了要求相互接触的两种材料相容外,同时要求两种材料不得相互腐蚀,施工过程中不得相互影响。

6.4.7 根据国家对节约能源政策的不断提升,为了使屋面结构传热系数满足本地区建筑节能设计标准规定的限制,保温层宜选用吸水率低、密度和导热系数小,并有一定强度的保温隔热材料,其厚度按现行建筑节能设计标准计算确定。

6.5 室内改造材料

6.5.1 为使改造后的室内空气质量符合现行国家标准《民用建筑工程室内环境污染控制规范》GB 50325 和《室内空气质量标准》GB/T 18883 的规定,应严格控制所选用的室内改造材料的有害物质限量。

室内改造材料主要包括墙面涂料、腻子、人造板、胶粘剂、壁纸、地毯等几类装饰装修材料。现行国家标准《室内装饰装修材料　人造板及其制品中甲醛释放限量》GB 18580、《建筑用墙面涂料中有害物质限量》GB 18582、《室内装饰装修材料　胶粘剂中有害物质限量》GB 18583、《室内装饰装修材料　木家具中有害物质限量》GB 18584、《室内装饰装修材料　壁纸中有害物质限量》GB

18585、《室内装饰装修材料 地毯、地毯衬垫及地毯胶粘剂有害物质释放限量》GB 18587 等均对建筑材料有害物质含量进行限定。此外,装饰装修材料的防火性能也应满足相关标准的要求。

6.5.2 建筑室内常因湿度大而滋生霉菌,造成室内墙面发霉、空气中霉菌超标等问题而影响人们居住健康。室内改造材料经常是室内发霉的重灾区,因此在绿色改造中应多采用具有防霉抑菌、净化空气作用的材料,有效减少室内霉菌滋生。

6.5.3 室内声环境对人的居住品质影响很大,因此本条规定了隔墙、楼板和门窗的隔声性能。

6.5.4 建筑室内空气中的氨、甲醛、苯、总挥发性有机物、氡等污染物以及吸烟(包括二手烟)对人体的危害已得到普遍认识。在改造项目实施过程中,即使所使用的装修材料、家具制品均满足各自污染物限量控制标准,但装修后多种类或大量材料制品的叠加使用,仍可能造成室内空气污染物浓度超标。控制空气中各类污染物的浓度指标,保障建筑室内空气质量满足现行国家标准《室内空气质量标准》GB/T 18883 和《民用建筑工程室内环境污染控制规范》GB 50325 的指标要求是健康建筑的最基本前提。改造项目在设计时即应采取措施,对室内空气污染物浓度进行预评估,预测工程建成后室内空气污染物的浓度情况,指导建筑材料的选用和优化。

6.5.5 工业化内装部品主要包括整体卫浴、整体厨房、装配式吊顶、干式工法地面、装配式内墙、管线集成与设备设施等。

6.6 地下工程改造材料

6.6.1 防水材料产品标准的某些技术指标不能满足地下改造工程的需要,考虑到地下工程使用年限长、质量要求高,工程渗漏维修难以更换材料等特点,现行国家标准《地下工程防水技术规范》GB 50108 结合地下工程的特点和需要,分别对可选用的防水卷材、防水涂料的物理性能、现场粘贴质量等作出了规定,地下改造用防水材料也应满足这些要求。

6.6.2 地下工程所处的环境较为复杂、恶劣,结构长期浸泡在水中或受到各种侵蚀介质的侵蚀以及冻融、干湿交替的作用,易随着时间的推移,逐渐产生混凝土劣化。各种侵蚀介质对混凝土的破坏与混凝土自身的透水性和吸水性密切相关,故防水混凝土、防水砂浆、防水卷材或防水涂料的耐侵蚀性能尤为重要。

在结构刚度较差或受振动作用的工程中,混凝土容易开裂,从而造成防水层的断裂。因此,在防水材料选择时,要根据计算的结构变形量选用延伸率大的防水卷材、防水涂料等柔性防水材料。

6.6.3 国内外防水材料发展趋势及近 10 年来国内防水工程实践表明,聚合物水泥防水砂浆应用越来越广泛和成熟,本条根据国内防水砂浆应用经验提出使用要求。

7 结 构

7.1 一般规定

7.1.1 国际标准《结构可靠性总原则》ISO 2394 规定了依据后续使用年限对可变作用采用系数的方法折减;国家标准《建筑抗震鉴定标准》GB 50023 对不同后续使用年限的既有建筑提出了相应的鉴定方法。结构改造设计应依据结构鉴定时选择的后续使用年限,在确保结构性能符合现行标准基本要求的情况下,选择相应的安全性、适用性、耐久性和抗震性能的性能目标。

1 本条主要是对既有建筑结构改造后的使用功能和设计后续使用年限的规定。根据国家标准《混凝土结构加固设计规范》GB 50367—2013 中第 3.1.8 条强制性条文规定,设计应明确结构加固后的用途。在加固设计使用年限内,未经技术鉴定或设计许可,不得改变加固后结构的用途和使用环境。

2 结构改造后如果改变原有的建筑功能,应根据改造后结构的实际使用情况和功能情况进行处理,确定相应的建筑安全等级,并根据抗震设防目标确定建筑抗震设防类别。

3 结构工程耐久性是关系既有建筑在规定年限内能否正常使用的必要条件之一。新建部分的耐久性设计可参考现行国家标准《混凝土结构耐久性设计规范》GB/T 50476。

现行中国工程建设标准化协会标准《混凝土结构耐久性评定标准》CECS 220 对钢筋混凝土构件确定了三种耐久性极限状态:钢筋开始锈蚀,钢筋保护层锈胀开裂,混凝土表面出现可接受的最大外观损伤。这几种耐久性极限状态都是限定在正常使用极限状态范畴的。但有耐久性试验结果表明,对于混凝土梁、柱类构件,锈胀裂缝刚出现时的角部 ϕ18 纵筋截面损失率小于 2%,而 ϕ6.5 箍筋的截面损失率大于 15%。保护层厚度较大且钢筋较细的板类构件,往往钢筋截面损失率超过 10%时才可能出现锈胀裂缝,这已严重影响构件承载力而危及结构安全。对于一片 240mm 厚砖墙,若单侧发生平均深度为 10 mm 的风化,则因截面削弱和偏心距增大的双重影响,其抗压承载力可能下降 10%以上。对这些构件,耐久性引起的安全性问题上升为主要问题。当结构构件的抗力退化率超过一定程度后,应对其采取耐久性防护措施方可满足正常使用要求,或者直接采取加固措施提高其可靠性。

7.1.2 为体现既有建筑绿色改造的内涵,结构改造方案宜进行优化设计,通过方案比选、材料比选、截面优化等多方面论证,选择满足结构要求、工程量小、资源利用率高、节约材料的改造方案。结构改造方案的优化设计应委托专业设计咨询机构进行,并保留设计过程资料或咨询报告。

7.1.3 结构改造应与各专业改造需求相结合,可采用同步设计、同步施工、同步改造的一体化技术,有利于有效缩减建筑行业在结构建造过程中材料与能源的消耗,有效增强建筑物的使用周期与安全性能,避免改造完成后的返工与二次改造。

7.1.4 国际标准《结构设计基础——既有结构的评定》ISO 13822 提出了"最小结构处理"原则。相对于新建结构而言,要提高相同程度的安全度,既有结构加固付出的经济代价要大得多,不仅如此,加固必然影响建筑的正常使用功能,产生垃圾、粉尘、噪声等不利环境影响。因此,在结构改造时,应兼顾经济成本、社会影响、可持续发展等因素选择综合影响尽可能小的措施。现行国家标准《工程结构可靠性设计统一标准》GB 50153 也规定了既有结构的可靠性评定应在保证结构性能的前提下,尽量减少工程处置工作量。采用碳纤维布、体外预应力、消能减震装置等技术可有效减少加固体积。

7.1.5 优秀历史建筑往往由于重点保护部位的要求,不能采用常规结构加固方法进行安全性能提升,此时可以采用限制荷载、局部加强定期维护以及安全监测等技术手段确保其安全性。

7.2 地基基础加固与新增地下空间

7.2.1 由于地基基础的隐蔽性,现场检测条件受限,不可能大规模进行现场检测,应尽可能收集已有的岩土工程勘察资料和竣工资料,调查既有建筑的历史和使用现状,并结合改造的目的,对掌握的资料进行综合分析。当根据搜集到的资料无法对既有建筑的地基基础作出正确评价时,还应进行补充勘察。

　　3 对地基的检测,一般是从上部结构出现裂缝、倾斜或产生变形来判断其危害程度,从而决定检测的内容和方法。

7.2.2 既有建筑改造时,应考虑充分发挥原有地基的承载能力,尽量减少地基基础加固量,多采用提高上部结构抵抗不均匀沉降能力的措施,以弥补地基基础承载力的某些不足和缺陷。现行上海市工程建设规范《现有建筑抗震鉴定与加固规程》DGJ 08—81 中规定了长期压密年限在 8 年~20 年的地基静承载力提高系数。

　　2 当基础不能满足承载力要求,或建筑物已出现不容许的沉降和裂缝时,应根据原有基础的形式采取相应的技术措施。既有建筑地基加固常用方法一般有注浆法、锚杆静压桩法、树根桩法等。其中,锚杆静压桩法在上海地区已得到广泛应用,锚杆静压桩施工时应合理安排施工顺序,尽量减小建筑物附加沉降。基础加固可采用基础扩大法、改变基础的形式、加大基础刚度法、新做基础法、改变荷载传递路径等方法。对既有建筑基础进行加固,因加固时不扰动地基土,施工过程中产生的附加沉降相对较小,同样能达到改善地基承载状态及控制沉降的目的。基础加固的方法应根据既有建筑物现状、周边环境等合理选择。

　　3 既有建筑下地基土经过长时间压实,其主沉降变形已经完成,与新增结构基础下的地基土存在变形差异,而地基反力的分布遵守变形协调原则,因此新旧基础分担的荷载与天然地基时有所不同,应按变形协调原则进行设计。既有建筑下地基土经压密固结作用后,其工程性质与天然地基不同,应根据既有建筑的现状、结构特性、改造需求、周边环境等因素制定加固方案,保证加固后建筑物的正常安全使用。

7.2.3 本条对既有建筑纠倾进行了规定。

1 造成既有建筑倾斜的原因多种多样,多数是由地基原因造成的,或是由勘察、设计、施工、使用不当造成,也可能是由相邻工程施工造成。因此,纠倾方案应根据建筑物倾斜原因分析确定,做到对症下药,不能头痛医头、脚痛医脚,必要时还需结合地基加固方法,防止纠倾后再度倾斜。纠倾方案应遵循确保安全、经济合理、技术可靠、施工方便的原则,同时尽量减小对周边环境的影响。

2 迫降纠倾从地基入手,通过人力或机械的方法,改变地基土应力状态,使建筑物原来沉降较小的一侧短时间内发生新的沉降变形,达到纠倾的目的。顶升纠倾是从建筑结构入手,通过结构托换技术,将建筑物的基础和上部结构沿特定位置切割分离,并在断开处预先设置托换体系,在托换体系下安装顶升设备,使建筑物沿某一直线(点)作平面转动,从而达到纠倾的目的。迫降纠倾比顶升纠倾更加经济、施工简便,但对施工条件有一定要求,遇到不适合采用迫降纠倾的工况可采用顶升纠倾。

3 由于纠倾施工会影响建筑物,因此强调纠倾施工不应对主体结构产生损伤和破坏,对非主体结构的损伤应在可修复范围内,否则应在纠倾前先进行加固处理。纠倾时如可能对相邻建筑或管线产生影响,也要采取相应对策,同时应尽量减少施工对周边环境的影响。

7.2.4 由于新老建筑下地基土性质存在差异,后续沉降也会有差异,为防止差异沉降造成基础和结构开裂,新老基础应脱开,同时也应采取措施减小新基础施工对原有基础的影响。新老建筑无法脱开的,应进行基础托换,并按变形协调原则进行设计,防止二者产生不均匀沉降而引起结构开裂。

7.2.5 既有建筑下部增加地下空间时,必须做好围护结构和基础托换,防止出现周边水土流失,并尽量减小施工对既有建筑和周边环境的影响。如果采用逆作法,其设计施工方案还应经过专家评审后实施。

7.3 上部结构加固改造

7.3.2 结构加固方法众多,应根据既有建筑的结构类型、受力特点、变形情况等,结合造价、施工条件等因素选择经济合理、技术可靠的加固方案。

7.3.3 本条是为了消除既有建筑非结构构件的安全隐患。女儿墙、门脸、雨棚、出屋面烟囱等易倒塌伤人的非结构构件,不符合抗震鉴定要求时,优先考虑拆除、降低高度或改用轻质材料,确需保留时应进行加固。

7.3.4 与结构相关的既有建筑局部功能调整或改造,主要包括增设门窗洞口引起的承重墙体开洞、增设电梯或扶梯引起的楼板大开洞、因大空间需求引起的拔柱或拆墙、屋面设置采光天窗(主要为公共建筑或厂房)等。

7.3.5 既有建筑平面扩建改造应在建筑物间距或场地条件允许的前提下进行。扩建结构宜采用工业化预制构件以减少现场湿作业和环境污染,新增的结构构件应有明确可靠的传力途径。扩建结构与原结构之间,可依据安全、经济、适用的原则选用分离设计或整体设计。

7.3.6 直接加层是指在既有建筑的主体结构上直接加层,充分利用原有结构及地基承载力,加层后的新增荷载全部通过原有承重结构传至基础和地基的一种加层方式。因此,采用轻型结构、将原填充墙替换成轻质隔墙,能够尽可能的减轻新增楼层和既有楼层的自重,从而减少甚至避免地基基础的加固。刚性加层是指加层所需的新增竖向构件与原结构进行刚性连接的加层方式。

7.3.7 室内插层分为层间插层和重新分隔插层两类,具体按照建筑方案选取。层间插层是指保持原有建筑楼板不变,在原楼层之间插入夹层。层间插层包括分离式、整体式、吊挂式、悬挑式等形式。重新分隔插层是针对层高较高的多高层建筑,将其部分或全部原有楼板拆除,根据建筑要求重新布置楼层,并通过降低层高的方式增加楼层数量。重新分隔插层一般采用整体式方案。

7.3.8 当既有建筑平面扩建、室外加层或室内层间插层时,新增结构与原结构之间可以相连或分离。当相连时,新旧结构之间应可靠连接,新旧结构连接的主要类型包括混凝土结构与砌体结构的连接、新旧混凝土结构的连接、钢结构与混凝土结构的连接、钢结构与木结构的连接等。其中,混凝土结构与砌体结构的连接可采用锚筋、穿墙筋、销键等方式;新旧混凝土结构的连接应保证新增混凝土构件内受力纵筋的传力可靠,必要时新旧混凝土结合面应设置抗剪筋,受力纵筋的连接可采用植筋锚固或与原钢筋焊接的连接方式;钢结构与混凝土结构连接时,应根据节点受力性能的要求,选用单块连接板或钢围套的形式;钢结构与木结构的连接可采用螺栓连接、植筋连接、或钢围套连接等方式。

新旧结构如分离时应完全脱开,但若二者间距较小时应填充柔性材料,从而避免在风、地震等作用下发生碰撞。

7.3.9 钢结构、混凝土结构、砌体结构等各类结构均可满足电梯对井道结构的要求,井道结构设计规范可按照现行国家标准《砌体结构设计标准》GB 50003、《混凝土结构设计标准》GB 50010、《钢结构设计标准》GB 50017 等进行。

7.3.10 按照《上海市历史风貌区和优秀历史建筑保护条例》的规定,优秀历史建筑的保护要求根据建筑的历史、科学和艺术价值以及完好程度,分为四类:①建筑的立面、结构体系、平面布局和内部装饰不得改变;②建筑的立面、结构体系、基本平面布局和有特色的内部装饰不得改变;③建筑的主要立面、主要结构体系和有特色的内部装饰不得改变;④建筑的主要立面、有特色的内部装饰不得改变。

7.3.11 因构件损坏需要进行置换重做,或因使用要求,改变结构体系或传力途径时,需要进行卸载、支撑;必要时,应对相关构件影响进行验算、复核,并采取必要安全措施。

8 暖通空调

8.1 一般规定

8.1.1 为达到既有建筑能效提升的目标,首先应在对建筑全面调查和测试诊断的基础上,采用科学的管理手段和可靠的系统调适技术措施,充分挖掘和利用好现有资源,使得暖通空调系统的性能能够精准匹配建筑在不同时间、不同空间的应用需求,达到提升能源效率的目标。在此基础上,如果存在设施设备性能老化、衰减,或存在安全隐患等其他原因导致不能继续使用时,可根据评估结果制定适宜的设施设备更新改造方案。既有建筑暖通空调系统的绿色化改造宜结合设备设施的更新或大修工程进行。

8.1.2 确定既有建筑实际冷热负荷需求对于暖通空调系统改造方案设计非常关键。传统的确定负荷需求的方法即按照现行国家标准《民用建筑供暖通风与空气调节设计规范》GB 50736 的有关规定进行冷热负荷模拟计算。本标准认为,对于在运行中的建筑,实际需求已经发生,积累了大量运行数据。因此,对于实际能源消耗数据的测试、分析相比模拟计算更为重要,是确定冷热负荷需求的首选方法。必要时,可结合计算机模拟实现对于建筑实际需冷、需热量的精准估计。

8.1.3 绿色化改造体现"以人为本"的原则,应以不降低室内环境质量为前提。暖通空调系统经改造后,在正常运行期间室内相关舒适度和空气品质参数应符合国家、行业和本市现行有关标准的规定。

8.2 冷热源与能源综合利用

8.2.1 冷源、热源、冷却塔等暖通空调设备的能效等级会显著地影响空调系统的整体效率水平。既有建筑由于建造年代较早,大部分建筑的设备性能已不满足国家及本市现行节能标准要求。对于既有建筑绿色改造而言,新增设备应严格按照相关现行标准要求执行,满足对应的现行相关节能标准能效等级的要求。当不同标准对设备能效规定有差异时,应满足"就高不就低"原则,选取其中指标要求更高的相关标准为依据进行方案设计。

现行相关标准包括《公共建筑节能设计标准》DGJ 08—107、《居住建筑节能设计标准》DGJ 08—205、《冷水机组能效限定值及能源效率等级》GB 19577、《单元式空气调节机能效限定值及能源效率等级》GB 19576、《房间空气调节器能效限定值及能效等级》GB 12012.3、《转速可控型房间空气调节器能效限定值及能源效率等级》GB 21455、《多联式空调(热泵)机组能效限定值机能源效率等级》GB 21454 等。

8.2.2 既有建筑由于结构形式、周边环境等条件限制,使得实际改造工作的实施难度较大。若设备选用不合理,将显著地增加土建拆改量、设备运输吊装等费用,并延长改造工期。以冷机改造为例,由于建筑制冷机房常设于地下且无专用的运输通道,为完成设备运输,需增加内墙、楼板拆除及修复工作,土建成本较高且工期较长,对建筑正常运营也有较大影响。但若采用磁悬浮模块式机组,则可利用常规电梯、楼梯、走廊等通道进行运输,缩短工期,减少对建筑正常运营的影响。

8.2.3 空调冷热源设备的使用年限通常为 15 年～20 年,故应根据设备生产厂商数据、建筑实际使用情况、设备运行工况以及改造的投资回收期等制定改造方案。判定标准可参考现行行业标准《公共建筑节能改造技术规范》JGJ 176 的有关规定。

8.2.4 考虑到既有建筑冷热源设备更换的成本和难度较大,而且从节约资源和环保角度,应优先考虑对原有冷热源设备进行最大化的能效提升,尽可能优先采用低成本的节能优化措施,包括:恢复自动控制实现运行策略优化,最大可能发挥已有系统的潜能;对压缩机、燃烧器的检修维护;换热器、管路系统结垢清洗以有效提高换热效率;补充制冷剂;调节锅炉空燃比等。能效提升后应对设备实际运行性能进行测试评估,根据测评结果再决定是否进行冷热源设备的更换改造。

8.2.5 定频冷水机组在部分负荷时运行效率将明显下降。当机组容量与实际末端负荷不匹配,且缺乏调节手段时,将导致机组长期处于部分负荷工况,运行效率偏低,离心式冷水机组还存在喘振等运行风险。此时,宜根据实际场地条件,更换或新增合适容量的冷水机组,保证机组长期工作负荷状态点保持在70%负载率之上,提升机组能效。

此外,对于学校、医院等建筑群,条件适宜时,可根据不同建筑的负荷水平,对冷水系统管网进行联网改造,将距离相近、使用时间相近的建筑用同一套冷源系统进行供冷,从而增加冷机的供冷负荷、提升运行效率。

8.2.6 按"蒙特利尔议定书缔约方第十九次会议"的规定,对于目前广泛用于空气调节制冷设备的 HCFC—22 以及 HCFC—123 制冷剂,我国将于 2030 年完成其生产与消费的加速淘汰,至 2030 年削减至 2.5%。

按照《上海市大气污染防治条例》(2017 年修订),除电站锅炉、钢铁冶炼窑炉外,禁止新建燃用煤、重油、渣油、石油焦等高污染燃料的设施,现有燃用高污染燃料的设施应当在规定的期限内改用天然气、液化石油气、电或者其他清洁能源。

关于锅炉的排放标准,按照《上海市大气污染防治条例》(2017 年修订)要求,现有燃用天然气等清洁能源的锅炉、窑炉,应在规定的期限内采用低氮燃烧技术。按照上海市地方标准《锅炉

大气污染物排放标准》DB31/387—2018 规定,至 2020 年 9 月
30 日前,在用锅炉执行第一阶段的排放限值;自 2020 年 10 月
1 日起,在用锅炉(生物质燃料锅炉除外)执行第二阶段规定的排
放限值。上海市区在用既有燃油燃气锅炉必须在 2020 年 9 月
30 日前完成低氮燃烧提标改造。上海各区陆续发布大气污染防
治方案,规定分批实施进度计划和定额补贴政策。

　　对不符合上述环保标准的设备进行低氮改造时,可采用整体
更换低氮锅炉(含模块锅炉)、更换低氮燃烧器、末端脱硝等方式。

8.2.7　常用的供暖和供应热水的热源设备为电加热、燃油燃气蒸
汽/热水锅炉、空气源热泵、空调器、水-水热泵、地源热泵、太阳能
热水、余热回收、燃气冷热电联供、直燃型溴化锂冷(温)水机组、
热源塔热泵等形式。建筑改造新增热源设备时,应根据气候、资
源和建筑条件,优先采用能效比高的热源设备。根据现有热源设
备实际运行能效,结合经济性分析,采用高能效热源设备替换相
对较低能效热源设备。如常采用热水锅炉替换蒸汽锅炉,提高供
热效率,节约蒸汽管道的"跑冒滴漏"和低负荷时的管道保压能
耗;利用就近的小型蒸汽发生器,不仅启停方便,且减少蒸汽管路
热损。

　　3　对于医院、酒店等全年需要生活热水的建筑,宜采用
水-水热泵系统,冷凝侧供应生活热水,蒸发侧供应冷冻水,水-水
热泵容量应根据实际冷热负荷动态测试数据进行配置,并有自动
控制;对余热和废热,在温度和热量允许情况下可直接利用,对于
品位较低的余热(如冷水机组冷凝热、冷库冷凝热、洗衣房散热、
排风热等),可采用热泵机组进行温度提升后供热,或进行预热
(如新风预热、锅炉进水预热、烘干机进风预热等)。

　　4　上海市空气资源适合空气源热泵,在空间布置和配电容
量可行情况下,根据经济性分析,常采用空气源热泵替换燃油燃
气锅炉供热。

　　5　根据生活热水用途、末端采暖设备类型不同,热源温度要

求不同,一般洗浴生活热水在 45 ℃~55 ℃,辐射末端的热源温度相对其他末端要求较低,宜在 30 ℃~40 ℃。

9 采用低谷电蓄能,不仅可以节约能源费用,对国家电网调峰和提高效率也有重要作用,符合国家发改委《电力需求侧管理办法》(发改运行〔2010〕2643 号)规定。根据蓄能材料不同和供应能源类型不同,低谷蓄能可分为蓄能空调系统、蓄能供电系统、蓄能供热系统等不同形式。根据空调总冷(热)负荷的估算值和空调系统的运行时间及运行特点,可采用冰/水蓄冷空调系统,并应符合现行行业标准《蓄冷空调工程技术规程》JGJ 158 的有关规定。蓄能供电系统通常采用高效蓄电池。蓄能供热系统一般采用高温固体合金,电蓄热温度可达 700 ℃~800 ℃,通过热风换热,可供应热风、蒸汽或热水。

8.2.8 适宜的运行策略将有效提升冷热源运行效率,且实施成本低,节能收益明显。

1 根据末端负荷变化规律,制定台数控制策略,保证冷热源运行负载率,尽量保障冷热源运行在最佳工况点。

2 日常系统运行管理时,由于自控系统失效或人工管理工作量大等原因,导致多台冷源、多台热源在部分负荷工作时,未能及时关闭停运的冷热源设备对应的冷水或热水阀门,导致冷水或热水旁通,造成水泵能耗浪费,并降低冷热站出水温度品质。应通过自动或手动的模式进行规避。

3 根据室外温度情况以及室内负荷需求水平,合理调整冷热源出水温度,可有效提升冷热源运行效率,降低运行能耗。

8.2.9 对建筑排出的能量加以回收利用,可取得很好的节能效益和环境效益。余热包括烟气余热、制冷机组冷凝热、排风余热、蒸汽凝结水热等。燃油/燃气锅炉的排烟温度一般在 120 ℃~250 ℃,排放到大气中不仅造成环境污染,而且浪费能源,故宜采用烟气余热回收,用于加热热水或预热进风等,既节能又环保。

对有生活热水等热需求的建筑,可对制冷机组进行部分热回收或全热回收。能量回收装置性能参考现行国家标准《热回收新风机组》GB/T 21087 的有关规定。

8.2.10 在过渡季或冬季,可根据建筑物的冷负荷,在室外温度低于室内温度时,考虑采用自然通风或机械通风供冷。在负荷水平较低的过渡季节,可在机械制冷水系统中设置旁通冷水机组的管路,通过板式换热器与冷却塔或地表水等自然冷源水进行换热,直接为建筑供冷,大幅提升供冷效率。上海市由于地质原因,严禁开采地下水,因此不可作为自然冷源。地表水冷却系统应按照相关标准进行闭式循环,做到 100% 回灌。

8.2.11 上海地区为长江中下游地区冲积沉积土层,江海湖泊分布广泛,浅层地热能资源丰富,地源热泵施工成本较为经济,在建筑占地和空间允许前提下,地源热泵不失为冷热源的优选方案。由于地质原因,上海地区的地源热泵一般以地埋管换热系统和地表水换热系统为主,由于冬夏季冷热量不平衡,应进行冷热平衡补偿控制。上海夏季空调制冷时对地源换热系统的蓄热量大于冬季供暖的取热量,故通常需另外配置辅助散热装置。如果建筑有生活热水需求,应采用余热回收的热泵型机组,不仅提高机组综合能效,且有助于土壤温度恢复,有利于地源热泵系统高效可持续运行。

建筑改造时新增地源热泵系统,或者对已有的地源热泵系统进行改造,均应符合现行国家标准《地源热泵系统工程技术规范》GB 50366 和现行上海市工程建设规范《地源热泵系统工程技术规程》DG/TJ 08—2119 的有关规定。

8.3 输配系统

8.3.1 风道系统的单位风量耗功率是指实际消耗功率而不是风机所配置的电机的额定功率,因此不能用设计图(或设备表)中的额定电机容量除以设计风量来计算风道系统的单位风量耗功率。

空调冷热水系统耗电输冷（热）比反映了空调使用系统中循环水泵的耗电与建筑冷热负荷的关系，对此值进行限制是为了保证水泵的选择在合理范围内，并降低水泵能耗。

8.3.2 由于在理论上水泵功率与流量的三次方呈正比关系，因此水泵配置变频装置将大幅降低水泵的输配能耗。在行业标准《公共建筑节能改造技术规范》JGJ 176—2009 第 4.3.10 条中规定：当空调水系统实际供回水温差小于设计值 40% 的时间超过总运行时间的 15% 时，宜对空调水系统进行相应的调节或改造。需要注意的是，改造中应注意考虑最不利末端的水力工况及平衡问题，以及改为变流量系统后，应根据不同空调末端装置特性设定不同的冷水供回水温差，以充分利用变流量系统的节能特性。

8.3.3 由于设计问题或末端管网、负荷变化较大，导致水泵无法与现有管网阻力相匹配时，应优先考虑调适、变频等手段，调节水泵工作点。无法利用调节手段改善当前工况时，可考虑更换与系统匹配的水泵或采用叶轮切削的技术，改变水泵工作特性曲线。需要注意的是，水泵的更换应充分考虑系统的实际条件及需求，应充分做好安全性、经济性、匹配性分析。

8.3.4 对于系统较大、阻力较大、各环路负荷特性或压力损失相差较大的一次泵系统，在确保具有较大节能潜力和经济性的前提下，可将其改造为二次泵系统，二次泵应采用变流量的控制方式。

此外，对于二次泵系统，常出现由于二次泵流量过大导致一次、二次管网旁通流量过大的情况。若末端没有明显的分区供应需求，如大型场馆、展览馆中距离较远的不同区域，也可以考虑将二次泵系统改为一次泵系统。

8.3.5 水力或风力不平衡会直接导致末端冷热量供给的不均衡，造成人员舒适感的不一致。当某个区域因水力或风力供给不足导致舒适度不佳时，使用者将不断反馈投诉信息，最终导致运行人员只能增开冷（热）源设备，加大冷（热）量供给，从而造成能耗升高。

8.3.6 当对管道保温进行改造或修复时,保温层的厚度要求应参照现行国家标准《设备及管道绝热设计导则》GB/T 8175 和现行上海市工程建设规范《公共建筑节能设计标准》DGJ 08—107。

8.3.7 由于设计不合理或者使用功能改变等原因,造成空调系统分区不合理,这是既有建筑常见问题之一,可能导致末端舒适性差、输配能耗高、系统整体性能偏低等。在既有建筑改造中,宜结合改造需求、改造难度、改造成本等多方面因素,制定空调系统重新分区设置方案。

8.3.8 降低风量可显著降低风机能耗。当末端运行工况变化较大时,应合理配置风量调节手段。对于调节要求较高、调节范围较大的系统,宜采用变频调速风机。

8.4 末端设备

8.4.1 上海市工程建设规范《公共建筑节能设计标准》DGJ 08—107—2015 第 4.3.7 条对空气-空气能量回收装置设计进行了规定:

1 排风量/新风量比值(R)宜在 0.75～1.33 以内。

2 排风热回收装置的交换效率(在标准规定的装置性能测试工况下,$R=1$)应达到表 2 中的规定值。

表 2　排风热回收装置的交换效率

类型	交换效率(%)	
	制冷	制热
焓效率	>50	>55
温度效率	>60	>65

3 需全年运行的空调系统中的热回收装置,应设旁通风管。

8.4.2 在夏热冬冷地区的过渡季节以及冬季,当室外空气焓值低于室内空气焓值时,在保证空气品质条件下,应优先引入室外新风处理室内冷负荷。其中,当建筑具备自然通风条件时,应优先采用自然通风。对于建筑内区或房间面积偏大,自然通风无法满足需求时,可采用机械手段引入新风。

8.4.3 公共建筑如建筑大堂、宴会厅、会议室等空间,存在比较明显的人员密度变化,应根据室内人员密度变化规律,合理调节室内新风量。调节的方法包括 CO_2 浓度联动控制、人员探测信号控制、时间控制等,条件允许时宜配合风机调速设备共同调节。

8.4.4 对于 VRV 系统、风机盘管系统、VAV 系统等末端带温控器的公共建筑空调系统,出于方便管理的考虑,经常会将多个室内空调末端的温控器设置在同一探测点,导致空调末端控制出现紊乱,部分服务区域温湿度达不到舒适要求。不舒适的抱怨最终导致运维人员增加冷热负荷供给,造成系统能耗上升。因此,室内温湿度传感器的安装位置应合理选择,避免因位置不当而影响室内热舒适性和能源浪费。

温控点传感器的安装应注意以下几点:不应安装在阳光直射,受其他辐射热影响的位置,应远离有高振动或电磁场干扰的区域;并列安装的温、湿传感器距地面高度应一致;室内温、湿度传感器的安装位置宜远离墙面出风口,如无法避开,则间距不应小于 2 m;墙面安装附近有其他开关传感器时,距地高度应与之一致。

8.4.5 相同环境中,不同人员的舒适度感受可能差异较大。因此,空调末端建议设置可供使用人员调节的控制面板、遥控器或手机 App,给予使用人员一定的控制自由度,可有效提升人员舒适度。为保证系统节能运行原则,可以对人员控制权限进行适当的控制,比如设置温控器的上下限值,以避免夏季过冷运行或冬季过热运行的问题。

8.5 室内环境

8.5.1 本条对既有建筑绿色改造的空气质量进行了规定。

1 改造项目设计时,应对常见主要室内空气污染物进行浓度预评估计算,预测工程建成后室内空气污染物的浓度情况,指导建筑材料的选用和优化。

预评估应综合考虑建筑情况、室内装修设计方案、装修材料的种类、使用量、室内新风量、环境温度等诸多影响因素,以各种装修材料、家具制品主要污染物的释放特征(如释放速率)为基础,以"总量控制"为原则,依据装修设计方案,结合暖通空调系统及新风系统设计参数,选择典型功能房间进行预评估。其中建材污染物释放特性参数及评估计算方法可参考现行行业标准《住宅建筑室内装修污染控制技术标准》JGJ/T 436 和《公共建筑室内空气质量控制设计标准》JGJ/T 461 的有关规定。

改造项目工程竣工验收时,还应根据现行国家标准《室内空气质量标准》GB/T 18883 和《民用建筑工程室内环境污染控制规范》GB 50325 的规定进行竣工检测。

2 本条强调产生异味的房间如吸烟室、厨房、垃圾间、隔油间、卫生间等,宜设置空气净化、除异味装置,废气经过处理排放至大气,否则会影响建筑周边的空气质量。

8.5.2 本条强调空调区的清洁要求,目的是采取有效措施净化室内空气,从而有效降低室内空气污染物的浓度。室内空气污染物大致可分为气态污染物和颗粒状污染物两大类,包括甲醛、苯系物、氨、总挥发性有机物、可吸入颗粒物、细颗粒物等。室内空气质量好坏直接影响人们的生理健康、心理健康和舒适感。为了提高室内空气品质,改善居住、办公条件,增进身心健康,有必要对室内空气污染物进行控制。空气净化可分为机械净化法、物理化学净化法、催化净化法和生物净化法。

设置集中通风空调系统的房间,送入室内的空气应通过必要的过滤处理,且可吸入颗粒物浓度、细菌总数、真菌总数等指标应满足现行行业标准《公共场所集中空调通风系统卫生规范》WS 394 的相关要求。粗效过滤器额定风量下的计数效率应为 $80\% > E \geqslant$

20%（粒径≥5 μm）；中效过滤器额定风量下的计数效率应为70%＞E≥20%（粒径≥1 μm）。工程实践表明，仅设一级粗效过滤器，空气洁净度不易满足要求，故推荐采用两级过滤。设置过滤器阻力监测报警装置，强调过滤器拆装更换方便，是保证过滤器正常使用的必要条件。过滤器的滤料应选用效率高、阻力低和容尘量大的材料。粗效过滤器的终阻力应小于或等于100 Pa，中效过滤器的终阻力应小于或等于160 Pa。除采用过滤处理的方法外，也可在经济合理、技术可行的前提下，采用静电空气净化、紫外线、TiO_2等技术措施。对净化要求较高的空调系统，可设置2种或2种以上的空气净化装置，以达到更好的净化效果。

8.5.3 室内空气质量是与空气环境相关的物理、化学及生物等因素对人员身体健康和心理感受有影响的综合性描述。本条将室内空气质量中的上述影响因素主要体现在CO_2、室内污染物上。对其进行实时监测并与通风系统联动，既能适应室内人员变化，又可保障室内空气质量及人员健康安全。

CO_2监测位置不合理可能导致所测CO_2浓度不能正确反映所在区域的人员呼吸区空气品质，反而导致自控系统误判导致运行问题。因此，CO_2的监测位置应合理化。

在进行通风空调系统改造设计时，对人员密度较大或室内空气品质要求较高的主要功能房间内，尤其是改造前室内空气质量不佳，有室内空气质量提升需求时，要考虑新风节能和卫生、健康的要求，设计与通风系统联动的室内CO_2浓度监控系统或甲醛、颗粒物等污染物浓度超标报警系统。

对于室内人员密度较高、门启闭次数不多、人员来去流量比较集中的室内，CO_2浓度可能会瞬时提高。室内CO_2浓度的设定值可参考现行国家标准《室内空气中二氧化碳卫生标准》GB/T 17094等相关标准的规定。

本条所指的室内空气污染物主要包括甲醛、氨、苯、总挥发性有机物、可吸入颗粒物、氡等。因这些空气污染物的浓度监测比较复杂,使用不方便,有些简便方法不成熟,受环境条件影响较大,因此对于室内空气质量要求较高的建筑或功能房间,仅要求按需设置室内污染物浓度超标报警。在改造过程中,考虑改造的困难程度和实际需要,可有针对性地设置污染物超标报警,如对于刚装修完成的房间,污染物包括甲醛、苯等;对于中小学教室等,需包括 $PM_{2.5}$、PM_{10} 等。超标报警的污染物浓度限值可依据现行国家标准《室内空气质量标准》GB/T 18883 的规定。

8.5.4 更换或新增空调冷热源机组时应选用低噪声设备,且设置在对噪声敏感房间干扰小的位置;对机组与系统应采取有效的隔振、消声、隔声措施,包括为设备配置隔振台座、选用有效的隔振器、降低管路系统中流体的流速、配置消声器、提高设备机房围护结构的隔声性能等措施。管道噪声是室内主要的噪声源之一,它来自给排水管道、空调供回水管道。在对建筑给排水系统、空调水系统进行改造时,应合理布置管线,减少管道噪声干扰。空调末端选型时应选用低噪声设备,并采取有效的隔振、隔声与消声措施。

8.5.5 气流组织直接影响室内空调和污染物的排放效果,关系着房间工作区的温湿度基数、精度及区域温差。只有合理的气流组织才能均匀地消除室内余热余湿,并有效地排除有害气体和尘埃。

1～2 空调系统末端送风形式、室内气流组织,不仅关系到建筑能耗,更关系到人们对空调房间舒适度的要求。送风形式选择不当,如冬季供暖时,采用散流器平送,导致热风贴附在顶层,热风无法送到工作区;夏季供冷时,出风口风速过大,风口靠近人群,造成明显的吹风感和冷感。因此,在系统改造时,应优化室内气流组织,满足人员舒适性要求。

3 当室内空气流动性较低时,室内环境中的空气得不到有效的通风换气,各种污染物不能及时排到室外,易造成室内空气质量恶化,影响室内人员健康与舒适性。局部气流诱导装置(如诱导风机)可弥补自然通风不稳定的缺陷,以风速补偿作用提高室内环境热舒适度,是传统建筑自然通风状态下改善室内热环境提高热舒适的一种有效措施,也是节约空调能耗的有效措施。此外,局部气流诱导装置还可加速室内污染物的排出。

4 卫生间、餐厅、地下车库等区域的空气和污染物应避免扩散到室内其他空间或室外活动场所。住区内尽量将厨房和卫生间设置于建筑单元(或户型)自然通风的负压侧,防止厨房或卫生间的气味因主导风反灌进入室内,影响室内空气品质。此外,卫生间、餐厅、地下车库等区域如设置机械排风,还应注意其取风口和排风口的位置,避免气流短路或造成其他区域污染。

5 打印机、复印机等设备在运行时会产生大量污染物,这些设备宜与人员活动区保持一定的距离或设置在专用房间或区域内。为防止污染物流至室内其他空间,宜设置排风系统,必要时可采取保障房间风量平衡的措施。

9 给水排水

9.1 一般规定

9.1.1 在进行既有建筑绿色化改造前,应进行实地调研,勘查现有给水排水系统的工作状况,掌握项目所在区域的市政给水排水条件,分析各种水资源利用的可能性,制定改造方案。改造应优先采用适宜、集成的、性价比高的技术方案,选择合适的设计方法和产品。

给水排水系统绿色改造方案宜包括下列内容:

1）现有给水排水系统的工作状况、存在的问题,管道设备设施使用年限、使用状况、用水量、用能量统计、节水、节能性能的评估。

2）上海市规定的节水要求、项目所在区域的水资源状况、气象资料、地质条件及市政设施情况等的说明。

3）用水定额的确定、用水量估算(含用水量计算表)及水量平衡表的编制。

4）给水排水系统改造设计说明。

5）采用节水、节能器具、设备和系统的方案。

6）雨水及再生水等非传统水源利用方案的论证、确定和设计计算与说明。

9.1.2 合理、安全的给水排水系统主要包括下列几个方面:

1）给水排水系统的规划设计应符合现行国家标准《建筑给水排水设计标准》GB 50015、《城镇给水排水技术规范》GB 50788、《民用建筑节水设计标准》GB 50555 等的有

— 133 —

关规定。

2）给水水压稳定、可靠,各给水系统应保证以足够的水量和水压向所有用户不间断地供应符合要求的水。

3）根据用水要求的不同,给水水质应达到国家、行业或地方标准的要求。使用非传统水源时,采取用水安全保障措施,且不得对人体健康与周围环境产生不良影响。

4）管材、管道附件及设备等供水设施的选取和运行不应对供水造成二次污染。各类不同水质要求的给水管线应有明显的管道标识。

5）设置完善的污水收集、处理和排放等设施。

9.1.3 节水、节能、环保的设备设施主要包括下列几个方面:

1）供水充分利用市政压力,加压系统选用节能高效的设备;给水系统分区合理,各分区的静水压力不宜大于 0.45 MPa;当设有集中热水系统时,分区静水压力不宜大于 0.55 MPa;合理采取减压限流的节水措施。

2）为避免室内物资和设备受潮引起损失,应采取有效措施避免管道、阀门和设备的漏水、渗水或结露。

3）设置集中生活热水系统时,应确保冷热水系统压力平衡,或设置混水器、恒温阀、压差控制装置等。

4）选择合适的节水配件或节水器具进行用水器具改造。

5）合理规划雨水入渗、滞蓄、排放或利用路径,保证雨水排放畅通,减少雨水径流污染,综合利用雨水资源。

6）根据需求分级分项设置用水计量装置,统计用水量。

9.2 系 统

9.2.1 本条规定了建筑给水系统改造时对水质、水量和水压的要求。

1 对未充分利用市政水压的建筑,应充分利用市政水压供水;对供水压力不足的,多层建筑宜采用变频恒压供水方式。

2 无特殊需求且在满足使用要求的前提下,用水点处供水压力不宜大于 0.2 MPa。当超过时,可增设减压阀等减压设施。当供水压力小于用水器具要求的最低工作压力时,应重新复核水力计算,根据水力计算结果调整供水系统或设施。如可检查管路并拆除不必要的减压阀或调节阀位(若有),可将二次供水水泵更换为扬程较大的水泵或变频泵等。

3 视具体情况,及时消除安全隐患,更换清理水池、水箱、供水管、过滤器,设置二次供水设施的水池(箱)溢流报警和消毒设施,且应制定二次供水设施日常维护管理规定。

4 针对建设年代久远的既有建筑,需根据地质条件和市场管材的供应情况合理选择管材进行给水管道的更新,达到安全经济适用的目的,并对给水管道中的刚性连接构件采取防振措施,选用具有良好抗振性能的柔性接口,提高管网整体的使用安全性。

5 针对竣工后不少业主私拉乱接的情况,对发现有回流污染隐患时,应在其用水管道、设备上增设真空破坏器、防污隔断阀等。

9.2.2 本条对建筑热水系统改造进行了规定。

1 生活热水主要用于盥洗、淋浴,而这二者均是通过冷、热水混合后调到所需的使用温度。因此,热水供水系统应与冷水系统竖向分区保持一致,保证系统内冷、热水的压力平衡,达到节水、节能、用水舒适的目的。

2 热水用水量少且用水点较分散时宜采用局部热水供应系统,用水量大且用水点较集中时应采用集中热水供应系统。旅馆、医院住院部、养老院、寄宿制学校的宿舍、中型及以上饭店、公共浴室、全日制或寄宿制的托儿所及幼儿园等常年存在热水需求且用水时段固定的建筑,应采用集中热水供应系统。用水量较小且分散的情况,如办公楼、商场等的卫生间,其热水供应系统应采用局部热水供应系统。对于机关、学校、企业等内部食堂或某些商场中的餐饮场所等，其最高日生活热水量（按 60 ℃ 计）小于 5 m³ 时，也可按局部热水系统设计。

3 节约能源是我国的基本国策，热水的热源应首先考虑利用工业的余热、废热、太阳能等。

4 热水系统的设备与管道，若其保温设施不能发挥作用，不仅会造成能源的极大浪费，而且可能使较远配水点得不到规定水温的热水。因此，当热水系统的保温效果不符合规范要求时，应按现行国家标准《设备及管道绝热设计导则》GB/T 8175 的规定进行保温系统改造。保温层的厚度应经计算确定，在实际工作中一般可按经验数据或现成绝热材料定型预制品选用。

5 一般认为设集中热水供应系统的住宅，其用水点出水温度达到 45℃ 的放水时间超过 15 s，医院、旅馆等公共建筑用水点出水温度达到 45℃ 的放水时间超过 10 s 时，其热水系统中配水点出水水温达到使用要求的时间过长，出现这种情况，应对热水循环系统进行改造。热水系统主要有以下三种循环方式：干管循环（仅干管设对应的回水管）、立管循环（立管、干管均设对应的回水管）和干管、立管、支管循环（干管、立管、支管均设对应的回水管），选用不同的循环方式，其无效冷水的出流量是不同的。

冷热水压差较大会造成水资源的浪费，保证用水点处冷、热水供水压力平衡，最不利用水点处的冷、热水供水压力差不宜大于 0.02 MPa。为了改善出水温度不稳定的情况，可在用水点处设置带调节压差功能的混合阀。

9.2.3 本条对建筑排水系统改造进行了规定。

1 根据国家标准《建筑给水排水设计标准》GB 50015—2019 强制性条文第 4.1.5 条的要求，"小区生活排水与雨水排水系统应采用分流制"。同时该标准第 4.2.3 条提出"消防排水、生活水池(箱)排水、游泳池放空排水、空调冷凝排水、室内水景排水、无洗车的车库和无机修的机房地面排水等宜与生活废水分流，单独设置废水管道排入室外雨水管道"。目前一些老旧小区室外雨污水管网存在混接现象,既有建筑绿色改造时应根据现场评估情况制定室外管网改造方案,实现小区内部室外雨污水管网分流,除上述废水外,其余污废水均不可排入室外雨水管网。

2 上海地区 2011 年 11 月以后设计的住宅项目阳台排水管按要求接入室外污废水管网,当改造此日期之前设计的住宅类项目时,应关注阳台雨水排出管的改造。

3 本条主要关注改造时因功能改变引起排水水质发生变化的情况,如公寓、办公建筑改建为酒店时需增加餐饮废水隔油器,工业厂房改建为养老院时需增加医疗废水处理设施。既有建筑中的已有污废水处理设施应根据现场评估结果制定改建扩容方案。

4 更换不满足现行功能需求及老化的排水泵。更换老化、陈旧的室内排水管道,当采用塑料管道时,应注意部分场所如公共厨房排水耐高温需求、室内排水管道对承压的要求。室外场地排水管道改造时,应采用室外型塑料管道;检查井改造时,宜采用塑料检查井。

9.2.4 结合项目实际情况,根据诊断结果增加适合的隔振降噪措施。常见的隔振降噪措施有:水泵基座隔振,包括橡胶隔振器、弹簧隔振器和橡胶隔振垫;管道减振,可采用可曲挠橡胶接头,包括接头、异径管和弯头;支架隔振,可采用滑动弹性支架,能够起到一定的减振作用。

9.2.5 本条对用水分项计量改造进行了规定。

1 市政给水引入管,不同使用性质及计费标准场所供水管,租赁使用场所及独立经济核算单元的供水管,公共厨房、洗衣房、游乐设施、绿化、机动车库清洗用水管、空调系统供水管,集中热水系统中冷水引入管、生活、消防各类各级水箱进水管,住宅入户管应设水表。需要水量平衡测试及用水分析要求的管段上应设分级水表。

2 既有公共建筑改造需要设置能耗监测系统时，市政给水引入管及厨房餐厅的饮用水供水管，租赁使用场所及独立经济核算单元的供水管，洗衣房、游乐设施、绿化、浇洒、空调系统供水管，集中热水系统中冷水引入管应配置数字水表。住宅入户管水表宜采用数字水表。口径不大于 DN50 的水表采用旋翼式水表，口径大于 DN50 的水表采用螺翼式水表。设置在有可能冰冻的位置的水表应采用干式水表。

3 室外埋地水表应设置在水表井内，公共建筑内的水表可靠近用水点设置，住宅分户水表应设置在户门外公共部位。

4 口径 DN 15～DN 25 的水表，使用年限不得超过 6 年；口径大于 DN 25 的水表，使用年限不得超过 4 年。

9.3 节水器具与设备

9.3.1 改造后的用水器具应选用《当前国家鼓励发展的节水设备（产品）目录》中公布的设备、器材和器具。也可通过增设节水配件、调整液位、供水压力等技术措施，改进原有用水器具。所有用水器具均应满足现行国家标准《节水型产品通用技术条件》GB/T 18870 及现行行业标准《节水型生活用水器具》CJ/T 164 的要求。

目前我国已对大部分用水器具的用水效率制定了相关标准，如坐便器执行现行国家标准《坐便器水效限定值及水效等级》GB 25502，水嘴执行现行国家标准《水嘴水效限定值及水效等级》GB 25501、小便器执行现行国家标准《小便器水效限定值及水效等级》GB 28377、淋浴器执行现行国家标准《淋浴器水效限定值及水效等级》GB 28378、便器冲洗阀执行现行国家标准《便器冲洗阀用水效率限定值及用水效率等级》GB 28379、蹲便器执行现行国家标准《蹲便器水效限定值及水效等级》GB 30717 等。目前相关标准正在更新中，如发布实施则执行更新后的标准要求。

9.3.2 室外系统全部改造时，宜增设节水灌溉系统；若无条件敷设节水灌溉管网时,可采用可移动的节水灌溉方式。节水灌溉包括喷灌、微灌、渗灌、低压管灌等方式,同时还可采用土壤湿度感应器、雨天关闭装置等节水控制措施,更进一步节约用水。

9.3.3 本条对空调循环冷却水系统节水改造进行了规定。

1 公共建筑集中空调系统的冷却水补水量很大,可能占据建筑物用水量的 30%～50%,减少冷却水系统不必要的耗水对整个建筑物的节水意义重大。冷却塔一般位于室外,因此室外环境对其寿命影响较大,易出现老化和漏损情况,冷却塔漏水会浪费大量水源,造成不必要的浪费。需要对室外冷却塔定期检查和维护,发现问题应及时维修和更换。若冷却塔安装位置不佳,飘水和噪声对周围环境和住户产生影响,应更改其安装位置。

2 开式循环冷却水系统或闭式冷却塔的喷淋水系统受气候、环境的影响,冷却水水质比闭式系统差,改善冷却水系统水质可以保护制冷机组和提高换热效率。应设置水处理装置和化学加药装置改善水质,减少排污耗水量。开式冷却塔或闭式冷却塔的喷淋水系统设计不当时,高于集水盘的冷却水管道中部分水量在停泵时有可能溢流排掉。为减少上述水量损失,设计时可采取加大集水盘、设置平衡管或平衡水箱等方式,相对加大冷却塔集水盘浮球阀至溢流口段的容积,避免停泵时的泄水和启泵时的补水浪费。

3 冷却塔产生的噪声和飘水会对周围环境和住户产生影响。冷却塔的噪声源主要包括风机噪声和落水噪声,可以采用在冷却塔四周设置隔声屏障、在风机口设置导流消声罩、在集水盘设置隔声或吸声材料等方式。任何形式的冷却塔在工作状态时或多或少存在飘水现象,飘向大气中的水滴中有可能夹带着病菌和污染源,对大气和行人造成污染。若噪声或飘水的影响无法通过冷却塔改造改善,则需对其安装位置进行调整。

9.4 非传统水源利用

9.4.1 本条对既有建筑绿色改造时的水景设计进行了规定。

1 根据雨水或再生水等非传统水源的水量和季节性变化的情况,设置合理水景面积,避免美化环境的同时却大量浪费宝贵的水资源。根据降雨量、汇水面积、场地竖向等场地条件,合理设计进入水体的雨水径流路径、径流量,确定水景的位置、规模、水位等,同时根据水景所需补充的水量和非传统水源可提供的水量校核水景规模,非传统水源水量不足时应缩小水景规模。

场地竖向设计应充分考虑雨水径流途径,竖向高程应有利于场地雨水进入水景。当项目设雨水收集利用系统时,应充分利用水景收集、储存、净化雨水,应确保场地雨水采用重力自流方式进入水景,避免和减少依靠水泵提升耗能。

2 水景采用雨水作为补充水源时,需采取水质及水量的安全保障措施。主要包括以下措施:

1) 合理设计雨水径流途径,利用绿地、植草沟、截污沟、前置塘、人工湿地等地面生态设施,削减径流污染。场地条件允许时,可采取湿地工艺进行景观用水的预处理和景观水的循环净化。

2) 利用水生动植物净化水体,投放水生动、植物强化水体自净能力,采用生物措施净化水体,减少富营养化及水体腐败的潜在因素。

3) 可采用以可再生能源驱动的机械设施,加强景观水体的水力循环,增强水面扰动,破坏藻类的生长环境。

9.4.2 利用非传统水源是最直接、最有效的节水措施之一。根据可利用的原水水质、水量和用途,进行水量平衡和技术经济分析,合理确定非传统水源利用系统的水源、系统形式、处理工艺和规模。

当既有建筑周边有集中再生水设施时,应优先使用集中再生水;无集中再生水设施时,宜优先收集建筑屋面雨水进行处理回用。若既有建筑临河、湖等地表水而建时,经相关政府主管部门的许可后,可取河、湖水作为场地内非传统水源使用。

雨水和中水利用工程应依据现行国家标准《建筑与小区雨水控制及利用工程技术规范》GB 50400 和《建筑中水设计标准》GB 50336 进行设计。

采用非传统水源时,应根据其使用性质采用不同的水质标准:

1）冲厕、绿化灌溉、洗车、道路浇洒,其水质应满足现行国家标准《建筑与小区雨水控制及利用工程技术规范》GB 50400 和《城市污水再生利用　城市杂用水水质》GB/T 18920 中的要求。

2）景观用水时,其水质应满足现行国家标准《建筑与小区雨水控制及利用工程技术规范》GB 50400 和《城市污水再生利用　景观环境用水水质》GB/T 18921 中的要求。

3）冷却水补水,其水质应满足现行国家标准《采暖空调系统水质》GB/T 29044 中的要求。

9.4.3 中水及雨水利用应严格执行现行国家标准《建筑中水设计标准》GB 50336 和《建筑与小区雨水利用工程技术规范》GB 50400 的规定。为确保非传统水源的使用不带来公共卫生安全事件,供水系统应采取可靠的防止误接、误用、误饮措施。具体包括:非传统水源供水管道外壁涂色并设文字标识,模印或打印明显耐久的标识,如"中水""雨水""再生水";对设在公共场所的非传统水源取水口,设置带锁装置;用于绿化浇洒的取水龙头,明显标识"不得饮用",或安装供专人使用的带锁龙头。

9.4.4 国家标准《建筑给水排水设计标准》GB 50015—2019 第3.12.1 条分别对亲水性水景景观用水和非亲水性水景景观用水

提出水景和补水水质的要求。亲水性水景包括人体器官与手足有可能接触水体的水景以及会产生漂粒、水雾会吸入人体的动态水景，如冷雾喷、干泉、趣味喷泉（游乐喷泉或戏水喷泉）等。非亲水性水景是指除亲水性水景以外的其他水景。国家标准《民用建筑节水设计标准》GB 50555—2010 中强制性条文第 4.1.5 条规定"景观用水水源不得采用市政自来水和地下井水"。因此，新建非亲水性景观的项目，其补水只能使用非传统水源，或在取得相关政府主管部门的许可后，利用临近的河、湖水进行补水。景观水体补水的水质应符合现行国家标准《城市污水再生利用 景观环境用水水质》GB/T 18921 的要求。

若景观水体规模较大，降雨时可作为调蓄池进行蓄水，减少场地外排雨水量。此外，还能将其排水进行有效利用，如作为场地绿化灌溉和道路浇洒的水源，减少自来水用水量。

10 电 气

10.1 一般规定

10.1.1 既有建筑改造不同于新建建筑,其电气设计应在既有条件下进行,在深入了解原有建筑构造的基础上,尽量克服既有建筑的先天不足,采用新规范进行设计。此外,因原有建筑功能与业主的要求会有差别,要与业主进行必要的沟通,确定改造方案,在满足规范标准的前提下进行改造设计。

10.1.2 既有建筑有些老旧设备的耗能严重,并随使用年限的增加,故障率越来越高,设备维护使用费用与新设备相比高出很多。另外,现代人们生活工作对环境的要求越来越高,有些设备已经不能满足实际使用的要求。改造工程需要对原有设备进行比较研究,在设计中选用新产品,落实节能高效、低碳环保的设计理念,使既有建筑焕发新的活力。

10.1.3 对既有建筑实施绿色改造时,应提前做好改造期间临时用电的保障措施,在尽量保证建筑原有生产、生活功能正常运转的前提下,达到改造目标和要求;当难以保证不停电时,应制定安全可靠的停电过渡措施,确保对生产、生活的影响降到最低,实现改造后的系统状态、数据记录、运行指标满足相关的节能监测管理要求。

10.2 供配电系统

10.2.1 本条对高低压接电方式、供电可靠性、变压器等内容进行了规定。

1　既有建筑绿色改造中,原有系统以及设备不满足现行规范的要求,根据要求可能会有新增负荷出现,或者原有建筑用途改变,用电负荷发生改变,因此对其供配电系统在进行相应改造的过程中要求对用电负荷进行重新分级。

2　一级负荷的供电应由双重电源供电,而且不能同时损坏,这是必须满足的条件。对二级负荷的供电方式,因其停电影响还是比较大的,故应由两回线路供电。由于在实际中很难得到两个真正独立的电源,电网的各种故障都可能引起全部电源进线同时失去电源,造成停电事故,因此,要求一级负荷中特别重要的负荷的供电除由双重电源供电外,还应设置与电网不并列的、独立的应急电源或备用电源。

针对上海地区既有建筑的特点,对于地下、半地下商业部分建筑面积超过 40 000 m² 的公共建筑,由于火灾危险性大、火灾时扑救难度大,通过增设自备发电机组作为消防设备的应急电源,能够消除部分增大的损失概率,满足最低的安全原则。因此,明确规定此类建筑的消防负荷的供电电源,应设置自备发电机组作为消防设备的应急电源;如能取得第三路独立市电时,亦可作为消防设备的应急电源。

3　既有建筑绿色改造项目应根据项目外部的供电条件,依据上海市电力公司的相关要求,并结合项目的改造规模、容量等因素,合理制定高压系统的接线方式。配电系统采用放射式接线的供电可靠性高、便于管理,但线路和高压开关柜数量多;对于供电可靠性要求较低的,可用树干式,线路数量少、投资也少。

4　既有建筑绿色改造供配电线路宜深入负荷中心,将新增或调位的变电所靠近负荷中心,可降低电能损耗,提高电压质量,节省线材。

5　既有建筑改造后用电负荷往往会发生较大的容量变化,因此对变压器容量重新进行计算、调整很有必要。由于建筑内使用电子设备较多,导致谐波状况比较严重,因此变压器负载率不宜过高;需对变压器运行的经济性、运行方式进行分析,通过改造使投入运行的变压器尽可能工作在经济运行区间并符合节能监测的有关规定。

6 在既有建筑的绿色改造中,对供配电系统容量、供电线缆截面和保护电器的动作特性重新进行验算是制定电气改造范围、目标和实施方案的必要条件,是保证改造项目供配电系统可靠、安全运行不可缺失的内容。

7 国家标准《供配电系统设计规范》GB 50052—2009 第7.0.2条"在正常环境的建筑物内,当大部分用电设备为中小容量,且无特殊要求时,宜采用树干式配电",第7.0.3条"当用电设备为大容量或负荷性质重要,或在有特殊要求的车间、建筑物内,宜采用放射式配电)"及第7.0.4条"当部分用电设备距供电点较远,而彼此相距很近、容量很小的次要用电设备,可采用链式配电,但每一回路环链设备不宜超过 5 台,其总容量不宜超过 10 kW。容量较小用电设备的插座,采用链式配电时,每一条环链回路的设备数量可适当增加",对低压配电系统的接线方式提出了具体的要求,可供既有建筑改造时参考。

改造中大功率非线性用电设备应设置专用回路供电,减少对其他用电设备的干扰,同时便于采取措施对充电设备产生的谐波进行治理,使谐波限制在规定范围内。

10.2.2 本条对配电变压器选型进行了规定。

1 配电变压器采用 D,yn11 接线组别,有利于抑制三次及以上高次谐波电流,且 D,yn11 接线的变压器零序阻抗较小,有利于单相接地短路故障的切除。

2 要求所配变压器满足现行国家标准《三相配电变压器能效限定值及节能评价值》GB 20052 的节能评价值。电气设备或产品的能效等级国家和行业标准均有相关规定,油浸式配电变压器、干式配电变压器的空载损耗及负载损耗值均应高于能效等级

2级的规定;3级能效等级的变压器虽然可达到能效限定值、尚允许生产使用,但不满足节能评价值的要求,不是节能型产品,需要评估其作为主要能源转换设备继续利用的合理性。变压器的2级能效等级是绿色改造更换或新增变压器应达到的等级。

10.2.4 电网标称电压为0.38 kV时谐波电流允许值见表3。

表3 谐波电流允许值

电网标称电压(kV)	0.38	基准短路容量(MVA)	10
谐波次数(次)	电流值(A)	谐波次数(次)	电流值(A)
2	78	14	11
3	62	15	12
4	39	16	9.7
5	62	17	18
6	26	18	8.6
7	44	19	16
8	19	20	7.8
9	21	21	8.9
10	16	22	7.1
11	28	23	14
12	13	24	6.5
13	24	25	12

电网标称电压为0.38 kV时谐波电压允许值见表4。

表4 谐波电压允许值

标称电压(kV)	总谐波畸变率(%)	电压谐波	
		偶次谐波(%)	奇次谐波(%)
0.38	5	4	2

其他电网标称电压时谐波限值参见现行国家标准《电能质量 公用电网谐波》GB/T 14549 的规定。

电网正常运行时,电力系统公共连接点,负序电压不平衡度不超过 2％,短时不得超过 4％。

10.2.5 根据《上海市建设和交通委员会关于〈进一步加强本市民用建筑设备专业节能设计技术管理〉的通知》(沪建交〔2008〕828 号),对供电部门低压(AC220/380 V)供电的公共建筑项目,当用电装接容量在 100 kW 及以上时,其低压供电进线处的功率因数不应低于 0.85;对供电部门 10 kV(6 kV)及以上电压供电的公共建筑项目,其供电进线处的功率因数不应低于 0.90。

10.2.6 上海市通过拓展地下空间,解决停车问题,增强既有建筑的使用功能,已走在全国前列。虽然国家标准《既有建筑绿色改造评价标准》GB/T 51141—2015 并没有对电动汽车充电桩有所要求,但为贯彻落实国家发展改革委、国家能源局、工业和信息化部、住房城乡建设部《电动汽车充电基础设施和发展指南(2015—2020 年)》的要求,针对上海市地方特色,并参考了现行上海市工程建设规范《电动汽车充电基础设施建设技术标准》DG/TJ 08—2093 的相关要求,拓展了本标准既有建筑绿色改造的内涵,增加了有关新能源汽车充电设施的相关规定。

既有居民生活小区停车场、大型居住社区停车场以及既有公共建筑停车场等配置充电桩的停车位比例可视实际情况确定。充电设备配电电源设置单独的回路供电,可减小对其他电器及设备的谐波干扰,同时便于采取措施对充电设备产生的谐波进行治理,使谐波限制在规定范围内。

10.2.8 变频驱动或晶闸管整流直流驱动设备、计算机、重要负载所用的不间断电源(UPS)、节能荧光灯系统等,这些非线性负载将导致电网污染,电力品质下降,引起供用电设备故障,甚至引发严重火灾事故等。谐波的治理应当首先考虑预防,控制好谐波产生的源头,使系统中产生的谐波尽量减小。其次,在预防的基础上,再考虑补救措施,对于敏感的电气和电子设备有必要采用谐波治理措施。采用高次谐波抑制和治理的措施可以减少电气污染和电力系统的无功损耗,并可提高电能使用效率。目前,国家标准有《电能质量　公用电网谐波》GB/T 14549、《电磁兼容　限值　谐波电流发射限值(设备每相输入电流≤16A)》GB 17625.1、《电磁兼容　限值　对额定电流大于 16 A 的设备在低压供电系统中产生的电压波动和闪烁的限制》GB/Z 17625.3,上海市工程建设规范有《公共建筑电磁兼容设计规范》DG/TJ 08—1104,有关谐波限制、谐波抑制、谐波治理可参考以上标准执行。

10.2.9 本条规定参照国家标准《近零能耗建筑技术标准》GB/T 51350—2019,从经济效益考虑,推荐在楼层较高、梯速较高、电梯使用频次高的建筑中使用变频调速拖动及能量回馈装置。目前根据行业经验,垂直电梯速度大于或等于 3.5 m/s 时应安装电梯能量回馈装置,速度介于(2～3.5)m/s 之间时宜安装电梯能量回馈装置。

10.2.10 利用可再生能源发电是清洁能源利用的重要途径,我国已从政策、立法、行业引导等多层面鼓励利用可再生能源。既有建筑绿色改造项目中,在保证安全可靠的前提下,经技术经济比较后,可利用停车场、车棚、建筑屋顶等场所加装光伏板进行发电,作为供电电源的一部分。目前,可再生能源发电技术还处在不断地发展和进步过程中,行业上还没有对各种光伏电池组件的光电转换效率和衰减率提出标准化的规定。2017 年 7 月 18 日,国家能源局、工业和信息化部、国家认监委三部门发布的《关于提高主要光伏产品技术指标并加强监管工作的通知》(国新发新能〔2017〕32 号),对光伏行业"领跑者"先进技术产品有关指标提出了要求,可以在工程中作为参考。《通知》规定,自 2018 年 1 月 1 日起,新投产并网运行的光伏发电项目的光伏产品供应商应满足《光伏制造行业规范条件》要求。其中,多晶硅电池组件和单晶硅电池组件的光电转换效率市场准入门槛分别提高到 16% 和 16.8%。2017 年,国家能源局指导有关省级能源主管部门及市(县)级政府部门,将先进光伏发电技术应用基地采用的多晶硅电池组件和单晶硅电池组件的光电转换效率"领跑者"技术指标分别提高到 17％和 17.8％。同时,多晶组件一年内衰减率不高于 2.5％,后续年内衰减率不高于 0.7％;单晶组件一年内衰减率不高于 3％,后续年内衰减率不高于 0.7％。

10.2.11 本条对电力系统线缆改造进行了规定。

1 电力系统改造的线路敷设非常重要,一些既有建筑的配电线路往往都经过多次更改,与原图有较大差异。应进行现场踏勘,并对原有路由仔细考虑,结合现场实际情况在尽量降低线路长度的基础上,找到施工较为方便的路由。

2 经济电流密度就是在输电导线运行中,电能损耗、维护费用和建设投资等各方面都最经济的电流密度。根据不同的年最大负荷利用小时数,选用不同的材质和每平方毫米通过的安全电流值。

10.3 照明系统

10.3.1 根据现行国家标准《建筑照明设计标准》GB 50034,考虑到照明设计时布灯的需要和光源功率及光通量的变化不是连续的这一实际情况,根据我国国情,规定了设计照度值与照度标准值比较,可有±10％的偏差。因此,设计照度与照度标准值的偏差不应超过±10％。

当直接或通过反射看到灯具等亮度极高的光源,或者在视野中出现强烈的亮度对比时,人就会感受到眩光,眩光会损害视觉(失能眩光),也会造成视觉上的不舒适感(不舒适眩光),这两种眩光效应往往同时存在的。对室内光环境来说,控制不舒适眩光更为重要。只要将不舒适眩光控制在较好的水平,失能眩光就会消除。现行国家标准《建筑照明设计标准》GB 50034 对各类场所的眩光限值作出了规定,公共建筑常用房间或场所的不舒适眩光应采用统一眩光值(UGR)评价,体育场馆的不舒适眩光应采用眩光值(GR)评价。

当电光源光通量波动的频率与运动(旋转)物体的速度(转速)成整倍数关系时,运动(旋转)物体的运动(旋转)状态,在人的视觉中就会产生静止、倒转、运动(旋转)速度缓慢,以及上述三种状态周期性重复的错误视觉,可能会导致视觉疲劳、偏头痛和工作效率的降低。光通量波动的频闪比越大,负效应越大,危害越严重。公共建筑改造过程中,应尽量避免频闪的不利影响。

10.3.3 国际标准 IEC TR62778:2014《应用 IEC 62471 评价光源和灯具的蓝光危害》中指出,单位光通的蓝光危害效应与光源相关色温具有较强的相关性,且光源相关色温越高,其危害的可能性越大,并且与光源种类无关。同时过高色温光源的光环境舒适度相对较低,特别是教室、阅览室、病房楼、办公室应用 LED 时,其光源相关色温不应大于 4 000 K。本条主要依据国家标准《建筑照明设计标准》GB 50034—2013 第 4.4.4 条及行业标准《体育场馆照明设计及检测标准》JGJ 153—2016 第 5.1.6 条的规定制定。

10.3.5 本条是对照明产品光生物安全性的要求。现行国家标准《灯和灯系统的生物安全性》GB/T 20145 规定了照明产品不同危险级别的光生物安全指标及相关测试方法,为保障室内人员的健康,人员长期停留场所的照明应选择安全组别为无危险类的产品。

10.3.6 根据国家标准《建筑照明设计标准》GB 50034—2013 第3.3.6 条,镇流器的选择应符合下列规定:

1 荧光灯应配用电子镇流器或节能电感镇流器。

2 对频闪效应有限制的场合,应采用高频电子镇流器。

3 镇流器的谐波、电磁兼容应符合现行国家标准《电磁兼容 限值 谐波电流发射限值(设备每相输入电流≤16A)》GB 17625.1 和《电气照明和类似设备的无线电骚扰特性的限值和测量方法》GB 17743 的有关规定。

4 高压钠灯、金属卤化物灯应配用节能电感镇流器;在电压偏差较大的场所,宜配用恒功率镇流器;功率较小者可配用电子镇流器。

10.3.7 LED驱动电源的线路电流为非正弦量,具有高次谐波。按照国家标准《电磁兼容 限值 谐波电流发射限值(设备每相输入电流≤16A)》GB 17625.1—2012 对照明设备(C类设备)谐波限值的规定,对功率大于 25 W 的放电灯的谐波限值规定较严,不会增加太大能耗;而对小于等于 25 W 的放电灯规定的谐波限值很宽(3 次谐波可达 86%),将使中性线电流大大增加,并超过相线电流达 2.5 倍以上,不利于节能和节材。因此,本条规定所选用的镇流器宜满足下列条件之一:

1 谐波限值宜符合现行国家标准《电磁兼容 限值 谐波电流发射限值(设备每相输入电流≤16A)》GB 17625.1 规定的功率大于 25 W 照明设备的谐波限值。

2 3 次谐波电流不宜大于基波电流的 33%。

对于 LED 驱动电源,采用无源 PFC 电路在工频下可实现功率因数不低于 0.7,采用有源 PFC 电路可实现功率因数达到 0.95。LED 驱动电源的功率因数与谐波含量相关,抑制谐波失真与提高功率因数相辅相成,谐波越低、功率因数越高,线路电流越小、线路损耗也就越小,更加节能。如果既有建筑原来已经采用的 LED 照明产品经评估可继续利用,则可沿用原来指标;但是对于纳入绿色改造工程之内的需更换或新增的 LED 照明产品,则应选用性能参数好的产品,设计要求应满足本条规定,从而实现好的改造效果。

10.3.8 间接照明或漫射发光顶棚的照明方式不利于节能。间接照明是指由灯具反射的光通量只有不足 10% 的部分直接投射到假定工作面上的照明方式。漫射发光顶棚照明是指光源隐蔽在顶棚内,使顶棚成发光面的照明方式。虽然这两种照明方式获得的照明质量好,光线柔和,但在达到同样照度的情况下比直接照明消耗电能多。

10.3.9 本条参考了现行行业标准《民用建筑电气设计规范》JGJ 16 的内容,该形式的作用是通过回风系统带走照明装置产生的大部分热量。从而减少空调设备负荷以达到节能效果。照明灯具与空调回风口结合的形式适用于三种空调系统:管道送风压力排风、压力送风管道回风、管道送风管道排风。应注意的是,T5 型荧光灯管由于工作温度要求较高,不适于该形式。

10.3.10 房间或场所装设 2 列或多列灯具时,通过分组控制可以达到以下效果:

    1 按车间、工序分组控制,方便使用,可以关闭不需要的灯光。

    2 空间分隔后不需对照明线路进行大的改动。

    3 在使用投影仪等设备时,可关闭讲台和邻近区域的灯光。

    4 控制灯列与侧窗平行,有利于利用天然光。

10.3.11 当建筑面积较大时,由于照明回路多,人工控制很难实现精细化管理。采用自动(智能)照明控制系统可以有效地对照明系统进行合理控制,加强系统对各类不同需求的适应能力,有效节约照明系统的能耗,大幅度降低照明系统的运行维护成本。如公共建筑和工业建筑的走廊、楼梯间、门厅、地下车库等公共场所的照明,宜按建筑使用条件和天然采光状况采取分区、分组控制,或设置照明声控、光控、定时、感应等自控装置。住宅建筑共用部位的照明,应采用延时自动熄灭或自动降低照度等节能措施。当应急疏散照明采用节能自熄开关时,应采取消防时强制点亮的措施。

10.3.12 对夜景照明改造提出要求,目的是在追求照明效果的同时更好地实现照明节能,避免粗放的泛光照明方式产生光污染、浪费能源。在完成改造设计及施工后,可通过调适提高夜景照明效果、降低光污染及能耗,对于夜景照明也应通过多级模式控制实现节能。夜景照明控制系统预留与市、区灯光联动的接口,可在重大活动等情况下,实现统一管理。

10.3.13 单相用电设备接入低压(AC 220/380V)三相系统时,应当考虑三相负荷的平衡。

10.4 智能化系统

10.4.1 用能监测系统应自动实时采集能耗,燃气、燃油能耗如不具备数据自动采集条件,应人工定期录入能耗数据。电能应按照明插座、空调、动力、特殊用电分项能耗进行自动采集。市政用水计量应满足用水单位的计量、主要单体建筑的用水计量及重点用水设施的计量(如锅炉、冷却塔等),要求一级水表安装率为100%,二级水表安装率≥95%,重点用水设施应安装三级水表。

10.4.3 上海市工程建设规范《公共建筑节能设计标准》DGJ 08—107—2015 第4.6节对智能化系统提出了具体要求,如:

1 应实现在线监测与控制,根据监测参数,适时调整优化控制策略。

2 应根据建筑内房间的朝向,细分供暖、空调区域,实现分区控制。

3 对系统冷热源的瞬时值和累计值进行监测,合理选配空调冷、热源机组台数与容量;制定实施根据负荷变化调节制冷(热)量的控制策略,且空调冷源的部分负荷性能符合现行国家标准《公共建筑节能设计标准》GB 50189 的规定。

4 3台及以上的冷、热源主机,宜采用机组群控方式。

5 采用变风量系统时,风机应采用变速控制方式;采用可调新风比运行的系统,宜根据室内外焓差值,实现新风量和排风量的同步控制。

10.4.4 公共建筑运行具有很高的复杂度和不确定性,很难通过某一项或几项技术的实施就彻底解决公共建筑节能问题。建筑能耗监测系统主要是对建筑物内的空调、照明、电梯、给排水等使用状况进行监测和分析,无法实现用能设备的控制;而传统的建筑设备监控系统(BAS)注重设备的实时监测和控制,不关注数据的比对分析,不关注设备能效状态的运行和评估。由于二者之间相关数据形成了信息孤岛,运行缺乏协调性。设置建筑能源管理系统,可对建筑能耗及设备运行等各类参数收集、分析,运用科学算法发出合理的操控命令,通过 BAS 系统实现其动作。

10.4.5 地下车库空气流通不好,容易导致有害气体浓度过大,对人体造成伤害。有地下车库的建筑,车库宜设置与排风系统联动的一氧化碳监测装置,且监测装置应远离送(补)风口。CO 浓度超过一定量值时需报警,并立刻启动排风系统。所设定的量值可参考现行国家标准《工作场所有害因素职业接触限值 第1部分:化学有害因素》GBZ 2.1(CO 的短时间接触容许浓度上限为 30 mg/m³)等相关标准的规定。

10.4.6 既有建筑绿色改造应根据建筑分类,对机动车停车场所智能车库管理系统区别配置。住宅建筑机动车停车库(场)出入口宜设置智能开启控制及收费管理系统,公共建筑机动车停车库(场)可根据使用需求及场地条件设置智能引导和信息管理系统,引导车辆与行人进出停车场;相关系统性能要求需符合现行上海市地方标准《公共停车场(库)智能停车管理系统建设技术导则》DB31/T 976 的规定。

10.4.7 养老设施是为老年人提供集中居住和照料服务的建筑,分为机构养老建筑和居家养老建筑。养老设施以满足老年人居住特定需求为目的,应在常规居住建筑智能化的基础上,为老人提供特定的监护、求助、生命体征监测等方面的智能化需求。

10.4.8 信息接入光纤链路采用共建共享的方式,可实现管路的共享使用及用户自主选择运营商。

11 施工与验收

11.1 一般规定

11.1.1 建立绿色施工管理体系、制定管理办法，除确保完成既有建筑绿色改造实现的技术方案外，还应包括施工过程中的绿色改造技术措施、环境保护措施以及安全文明施工管理措施等绿色施工措施。结合工程实际情况，在保证质量、安全等基本要求的前提下，通过科学管理和技术进步，最大限度地节约资源并减少对环境的负面影响。

11.1.2 建立绿色改造施工公示的，公示内容应简洁明了，设置在施工现场主要出入口处，与施工现场"五牌一图"相一致。

11.1.4 结合现行上海市工程建设规范《建筑工程绿色施工评价标准》DG/TJ 08—2262，对采取保护措施的内容提出规定。

11.1.5 应选用绿色环保建材、新型建材，优先选用可拆卸、可循环利用、可回收材料。应优先使用节能、高效、环保、综合能耗低、环境影响小的施工设备和机具，如选用变频技术的节能施工设备等，控制污染、噪声、振动等因素对环境带来的不利影响。对施工过程中的资源耗费情况应进行计划与管控，统一筹措、严格把控，实时掌握各项能源的使用情况并制定节能方案，以实现节能、节地、节水、节材和环境保护。运用 BIM 技术、三维激光扫描等智慧建造手段可全面掌握改造设计方案与实际建造情况。

11.1.6 建筑主体结构、围护结构、屋面和门窗验收应符合现行国家标准《建筑工程施工质量验收统一标准》GB 50300、《砌体结构工程施工质量验收规范》GB 50203、《混凝土结构工程施工质量验

收规范》GB 50204、《钢结构工程施工质量验收规范》GB 50205、
《木结构工程施工质量验收规范》GB 50206、《建筑结构加固工程
施工质量验收规范》GB 50550、《屋面工程质量验收规范》
GB 50207 和《建筑装饰装修工程质量验收规范》GB 50210 等的
规定。

本条的机电系统与设备主要包括暖通空调系统与设备、给水
排水系统与设备、建筑电气及自动化系统与设备、电梯等。机电
系统与设备的验收应符合现行国家标准《通风与空调工程施工质
量验收规范》GB 50243、《建筑给水排水及采暖工程施工质量验收
规范》GB 50242、《建筑电气工程施工质量验收规范》GB 50303、
《电梯工程施工质量验收规范》GB 50310 和现行上海市工程建设
规范《建筑节能工程施工质量验收规程》DGJ 08—113 等的规定。

11.2 绿色施工

11.2.1 施工前应对场地内的管线排布、重要设施、重点保护树木
等情况进行全面调查,充分利用原有道路、设备、管线及资源,保
护古树名木,针对项目实际情况、因地制宜地进行施工场地布置。
涉及临时设置布置的,可参考现行上海市工程建设规范《建筑工
程绿色施工评价标准》DG/TJ 08—2262 提供的临时建筑的各项
指标进行测算。

根据现行上海市工程建设规范《建筑工程绿色施工评价标
准》DG/TJ 08—2262,对围挡材料等应周转重复使用。对既有建
筑绿色改造工程施工的新建、扩建建筑物,也可对范围内已有的
建(构)筑物情况,通过检测后进行利旧优化设计。如新建建筑物
桩基础可充分利用已有原相邻建筑原有的基坑围护结构桩。

11.2.3 各类需要辅以现场加工的材料,如块材、板材、卷材等,其
加工工作尽量安排在工厂进行,不仅可提高构件尺寸精度、减少
现场加工占地及能耗、节约现场加工时间、减少材料浪费,还可减

小噪声污染,达到绿色、环保、高效施工。

11.2.5 本条主要是对节材方面的要求。考虑到历史建筑保护修缮中还是会应用到黏土砖或其他黏土制品,对此宜优先选用本项目或其他项目拆除下的旧材。

11.2.6 本条主要是节水方面的要求。实行用水计量管理,严格控制施工阶段用水量。洗刷、降尘、设备冷却等用水应尽量采用中水、雨水等非传统水源。

11.2.8 选用低噪声、低振动的设备及方法进行改造施工;通过设置施工防护围挡、防尘网,采取洒水、覆盖、袋装等降尘方式控制扬尘,避免外溢;设置噪声监测点,实时监测施工现场噪声,严格控制施工作业时间,噪声及振动较大的作业应避开居民休息时间,减少对周边居民生活的影响。

11.2.9 对于改造中拆除、拆卸的建筑结构残余物,不可进行现场焚烧。

11.4 竣工调试与交付

11.4.2 根据现行国家标准《通风与空调工程施工质量验收规范》GB 50243 的有关规定,明确规定通风与空调工程完工后竣工验收的系统调试,应以施工企业为主,监理单位监督,设计单位、建设单位参与配合,并作了应编制调试方案的规定。

11.4.3 本条规定了既有建筑绿色改造施工应按现行国家标准《工程建设施工企业质量管理规范》GB/T 50430 的规定进行竣工交付,并提供服务活动。

12 运行维护

12.1 一般规定

12.1.2 物业管理机构是依据物业服务合同从事物业管理的企业。物业管理机构应制定交接班办法,交接运行、操作参数及维修记录、运行中的遗留问题等。人员的交接班办法的完善,有利于操作人员对设备状态的持续性了解,可以更好地执行设备操作规程,并及时处理遗留问题。

12.1.4 物业管理机构或业主可委托专门负责设施设备运行管理和能耗监控的企业进行运行策略优化。物业管理机构或运营公司负责建筑能耗监测系统的运行维护和数据分析,定期汇报建筑能源利用情况以及提出相关的节能建议。若发现数据异常情况,应及时联系建筑能耗监测系统供应商排查原因;若非监测装置的问题,则应及时通过异常数据,排查与分析用能系统和设备是否出现故障,并及时处理,保障建筑各用能系统正常运行。

12.1.5 信息化管理是实现绿色建筑物业管理定量化、精细化的重要手段,对保障建筑的安全、舒适、高效及节能环保的运行效果,提高物业管理水平和效率,具有重要作用。采用信息化手段不仅可以建立完善的建筑设备台账、配件档案、设施维修记录,还可以利用信息化平台不断优化节能、节水和设备运维管理办法。

12.2 综合调适

12.2.1 设备综合调适是既有建筑改造完成投入使用后必须进行

的工作,是保证建筑正常使用,监测设备运行状态和效果的重要方法。可根据建筑实际的使用情况和设备负荷,对设备系统的运行状态进行调整,以在满足室内舒适度的条件下提高效率、节约能耗。

综合调适工作是一个长期的、持续的过程,通过对设备长期运行数据进行监测与分析验证,及时对运行模式进行调整优化,满足不同时期建筑物的实际使用需求,并保证系统的可持续运行。

12.3 改造后评价

12.3.1 为确保建筑设备和系统高效运行,宜定期对建筑设备和系统的运行情况进行调查和分析,并对未达到预期效果的环节提出改进措施。

12.3.2 既有建筑绿色改造设计评价应在既有建筑绿色改造工程施工图设计文件审查通过后进行,运行评价应在既有建筑绿色改造通过竣工验收并投入使用一年后进行。

12.4 运行管理规定

12.4.1 物业管理机构应根据建筑使用功能制定节能、节水、节材、环保与绿化管理办法,并说明实施效果。节能管理办法主要包括节能方案、节能管理模式和机制、收费模式等。节水管理办法主要包括节水方案、分户分类计量收费、节水管理机制等。节材管理办法主要包括设施维护和耗材管理等。绿化管理办法主要包括苗木养护、绿化用水计量和化学药品使用等。

12.4.3 利用高效管理软件预先制定维护保养方案、明确人员职责,可提高维护保养的实际效果、提高管理水平和管理效率。物业管理机构应对物业设施设备的运行、操作、维护形成完整的技术档案,作为设施设备管理证据,便于实施管理以及优化今后运行维护方案。

12.4.5 建筑运行过程中产生的垃圾量大且种类繁多,如果不能合理、及时地处理,将对小区环境产生极大的影响。因此,垃圾收集、运输等整体系统应进行合理规划,垃圾容器应具有密闭性能,其规格应符合地方相关标准。物业管理机构应制定涵盖垃圾管理运行操作手册、管理设施、管理经费、人员配备及机构分工、监督机制、定期的岗位业务培训和突发事件的应急反应处理系统等在内的垃圾管理办法。

物业管理机构应根据垃圾种类和处置要求,并以鼓励资源回收再利用为原则,对垃圾的收集与运输等进行合理规划,确定分类收集操作办法,设置必要的分类收集设施。垃圾临时存放设施应具有密闭性能,其规格、位置和数量应符合国家现行相关标准和有关规定的要求,与周围景观相协调,便于运输,并防止垃圾无序倾倒和二次污染。

12.5 建筑结构维护

12.5.1 对重要性比较高的建筑应定期进行检测评估,并借助健康监测手段进行日常运营管理。

12.5.2 本条对建筑围护结构的维护进行了规定。

1 屋面防水层裂缝、起壳,应进行修缮,损坏的保温隔热层应进行修缮或更换。

2 外墙外保温系统空鼓、脱落,应进行修缮,并应符合现行行业标准《建筑外墙外保温系统修缮标准》JGJ 376 的要求。

3 外窗修缮宜采用节能窗;并应符合现行上海市工程建设规范《既有居住建筑节能改造技术规程》DG/TJ 08—2136、《既有公共建筑节能改造技术规程》DG/TJ 08—2137 等的要求。

12.5.3 本条对结构构件的维护进行了规定。

    1 混凝土构件的裂缝将直接影响其抗渗性与耐久性,当裂缝达到一定程度的宽度及深度后,空气中的水份、氧气、二氧化碳以及氯离子等侵入混凝土内部,引起钢筋的锈蚀。一方面,构件的裂缝会增加混凝土的渗透性,加速混凝土的碳化和侵蚀介质的侵蚀,使钢筋的腐蚀加重;另一方面,钢筋的锈蚀膨胀又会造成混凝土的进一步开裂,从而进一步加重钢筋的电化学腐蚀。裂缝的存在使得混凝土结构耐久性大大降低,进一步恶化将导致钢筋保护层脱落、截面锈损变细甚至断裂,从而严重影响其结构使用寿命及安全性。因此,当发现混凝土构件存在影响结构耐久性的裂缝时,应及时进行处理;如裂缝属受力引起的裂缝,应及时对构件进行加固处理。

12.8 监测系统运行维护

12.8.2 室内空气品质和室内热湿环境质量监测的对象包括甲醛、TVOC 等主要室内空气污染物以及室内温度、湿度、新风量、CO_2 浓度等。